# 你的隐秘，梦知道

## 治疗师带你潜入一梦一世界

安 静 / 著

*Dreams Know*

*Your Secrets*

本书原由三联书店（香港）有限公司以书名《梦境心理学——治疗师带你潜入一梦一世界》出版，现经由原出版公司授权商务印书馆在中国内地独家出版、发行。

涵芬楼文化出品

# 推荐序

我十分荣幸能为安静的新书写序。我认识她时，她是香港大学社会科学系（辅导学）的硕士生，而我当时是她的论文指导老师。她以前的工作是编辑，论文主要研究写作对于治疗抑郁症患者的成效。我总是被安静坚持不懈地追求各种有趣、有意义的心理学题材的热情，深深感动。

在这一本书中，安静从东西方的科学及其应用上，探讨梦这一题目。特别的是，虽然我们都曾"做过梦"，然而至今科学家对动物"做梦"的成因与影响仍然所知甚少。作为一个以科学实证为主的临床心理学家，坦白说我对"梦"所知其实甚少，连其怎样影响着我们的日常生活也不甚了解。所以，我非常感谢安静的邀请，激励了我，让我有机会及动力去探看一些与梦境有关的、最新的科学研究。

随着科技的不断进步，有不少关于梦境的研究已很先进，通过核磁共振成像技术（Magnetic resonance imaging，MRI），科学家发现了做梦似乎能有效地提升记忆力。

据美国全国睡眠基金会的调查，人类每晚会有多于两小时的时间在做梦（在快速眼动期，即REM时，往往梦境也特别生动）。也有研究指出，若老鼠被剥夺了四天珍贵的REM睡眠，其大脑记忆中心，即海马体的神经细胞的制造数量就会下降[1]。

梦也可以调节我们的心情与情绪，有研究显示，抑郁症患者在回忆梦境时，若将其配偶或人际关系与梦境结合，其在早上的情绪测试会得到更高的分数。

---

[1] Boyce, R., Williams, S., & Adamantidis, A. (2017). *REM sleep and memory. Current opinion in neurobiology*, 44, 167-177.

推荐序

相比其他不会做与婚姻有关的梦或无法回忆梦境的患者，这类抑郁症患者的痊愈机会会更高[1]。

做梦能有效提升创意与解难能力，科学家也有兴趣探索睡眠在此方面对人类的帮助。他们发现，人们小憩一会儿，若能进入REM睡眠，他们更能想出独特的解难之法。由于我们在REM睡眠时所做的梦是最奇怪的，因此便支持他们的论点：这类梦境有助于我们寻找具有创意的解决办法[2]。

除了书中所包含的科学性资料外，我也对于安静提及的"解梦六步曲"感到十分兴奋。许多以科学实证为主的心理治疗师，并没有将解梦纳入其日常工作中，因为他们认为这对患者来说可能是有风险和害处的。

---

[1] Cartwright, R., Young, M. A., Mercer, P., & Bears, M. (1998). *Role of REM sleep and dream variables in the prediction of remission from depression*. Psychiatry Research, 80(3), 249-255.

[2] Cai, D. J., Mednick, S. A., Harrison, E. M., Kanady, J. C., and Mednick, S. C. 2009. *REM, not incubation, improves creativity by priming associative networks*. Proc. Natl. Acad. Sci. U.S.A. 106:10130–4. doi: 10.1073/pnas.0900271106.

然而，安静却在此书中收录了大量有关解梦的临床经验，实在让我大开眼界。就如之前所说，我对于她孜孜不倦地探索一些"正统"以外的新事物感到十分欣赏。

在此，我衷心恭喜安静能够与她的来访者，一起经历了这么多的成功案例，我在替她感到高兴之余，对于她以下这一洞见感受甚深。她在书中说："解梦未必有害，有害的是解错梦，过度解梦。"

从我目前已知的资料来看，梦境似乎对我们大有裨益，而我相信梦还有许多未知的领域，等待被一一发现。

只不过我很好奇，正如大家所知，许多香港人一直都有睡眠不足的问题。那么，此问题会不会对梦境的内容造成很大的影响？而这是否又是令香港人心理状况欠佳的原因之一呢？

香港大学社会科学院

社会工作及社会行政学系副教授

临床心理学家黄蔚澄博士

# 自 序

大约四年前的某天晚上,我收到一个学生的紧急来电,说她好友的亲人昨晚一直做着噩梦无法醒来,被送到医院,处于半昏迷状态已一整天。她知道我对梦素有研究,故此请我去看看她。

事发是在前一夜,她不停做着同样的噩梦,丈夫半夜醒来,听见她不断开口说着梦话,表示有很多狮子老虎在追咬她,重复又重复,然而怎样也叫不醒、摇不醒。送到医院后,一群医生束手无策,做了各种检查,身体状况却没有显示任何异常。而她的梦呓,医院中的医务人员及探访者也能听到,但用尽方法也无法让她醒来。

我到的时候约是晚上九时半,她躺在床上,像"昏迷"般。我听见她不断在喃喃自语,口齿不清:"好多老虎……唔好咬我……好痛……"我叫她名字,她仿佛有点反应,但又深陷梦中无法逃脱,于是我大胆冒险,用催眠的方法加上梦境引导,协助她逃离梦中险境。我离开时约晚上十时半,当时她已平静下来。第二天早上,我醒来查看手机信息,她丈夫说她原来在半夜一时多便醒来了,但对于做过的梦及发生过的事情都已失去记忆。

过了两天,她便出院了,身体无大碍,睡眠也恢复正常。

这次的经历,彻底改写了我对梦境的看法。以前我即使在意梦境,但完全没想过,人原来会被困在梦中,昏迷不醒。我记起荣格曾提到过梦境和精神官能症(即精神病或心理障碍)的关系,其实很多有精神官能症的人,其所表达出来的"意识状态"和梦境的

自 序

内容都很相似。我突发奇想，假如我们能解读梦境，明白梦所表达的内容，甚至能协助人们解开梦境中的困境，那么人的心理状态是否就能够得到很大的释放和纾解，甚至能减少精神官能症的发生或减轻其恶化？

这次的事件之后，我对梦便深深着迷。人的心理、意识和梦似乎有一种不可分割的关系，清醒与做梦之间，有着一片我们当代心理学尚未深入了解过的神秘地带。梦、潜意识和意识，不是只有睡眠和清醒，而是在深层次有着相互连接且相互影响的关系。

我相信，梦，不只是弗洛伊德说的通往潜意识的大道，也不只是荣格说的为了达到心理的平衡；我觉得，梦，是潜意识与意识之间一种微妙的机制，就像炼金术中的"炼成阵"。

## 梦是炼成阵的信息

在炼金术中，炼金术士表面上是把金属投进炼成阵中，其实是投进炼成阵背后那神秘的世界。我们日常生活意识到的、接触到的人、事、物，就像炼金术般，会自动进入这炼成阵，晚上做梦时，这阵式中炼成的东西、治炼中的东西便会呈现。炼金术士，就像催眠师、梦境分析师、心理治疗师、修行者等等，懂得把特别的元素投放进这炼成阵中，便可透过潜意识，炼成不同的"实相"。

然而，他们只懂把不同元素直接投进潜意识中，却无从得知当中的变化。他们不知道，梦，就像炼成阵；然而它却不是阵的本身，而是阵的信息。它既是潜意识的本体，也是由本体中浮现的、意识可觉察及接触到的部分，也是炼成的过程和结果。它既呈现出现在的状况，也让我们能够看见可以进一步变化的、转化的、提炼的可能性。

潜意识的炼成阵，是二十四小时不间断运作的，因此，梦也不断在变化之中。而通过解梦，我们能够接触及了解到潜意识的语言，也就是这炼成阵中所表达的东西，以及潜意识中那广阔无边的大千世界。这个炼成阵是双向的，通过了解梦，我们能掌握到在意识世界、真实世界中的可塑性及可变性；而通过催眠、塑造梦、改变自己，也同样能修改、塑造潜意识，以及我们的内与外，现在、过去与未来。

## 如果荣格没有放弃催眠就好了

荣格在生命的后期，沉迷炼金术以及东方"道"的哲学。他极重视梦，我相信，他已能掌握到潜意识中梦的精髓。然而当年虽然他醉心于研究梦所表达的内容及模式，却很少研究如何通过梦这个媒介，让人反向塑造或改变潜意识。也许因为他很早便放弃了催眠，所以不知道人在清醒时也能进入潜意识吧。不然，我相信他定然能看到一个比我更宽更广的世界。

在荣格的年代，催眠还只停留在"暗示"的阶段，亦即把一些信息用催眠的方式投放进来访者的潜意识。荣格对于这种不是顺着来访者状况及需要的"意识植入"十分反感，他认为每个人内在的心理需要都是不同的，每个人都是独特的，不能像医生开药般，有什么状况也给心灵吃些止痛药，过度的压抑或塑造，甚至有可能造成心灵的抗拒及反噬。

因为他没有再用催眠，故此并不知道，后来的催眠已不再是死板地植入指令，而是发现了人在意识与潜意识间那一个交汇处。在这里，我们可以有意识地与潜意识接触，也可以进行疗愈和转化。

可惜的是，催眠和梦，始终不是同一个层次的东西。梦是潜意识自发的产物，而催眠，却因催眠师的指令而生。催眠所能表达出来的意象，相比起梦背后的大千世界，简直望尘莫及。

在本书中，我会以简单的语言和笔触，让大家至

## 自 序

少能够读懂梦的语言。唯有懂得，才能真正塑造。祝福大家通过了解自己、了解梦和潜意识，能够拥有更清晰的人生方向、更幸福快乐的将来、更健康的身心灵状态，以及，善用这一份真善美影响整个世界。

2021年5月30日

# 目 录

001　一　梦在人类世界的历史
013　二　梦究竟是什么：梦的生理及心理科学
025　三　梦的心理学
045　四　梦境在表达什么？
077　五　梦是最古老的语言
095　六　解梦方法六步曲
111　七　记　梦
123　八　什么梦最值得去解读？
151　九　梦的表达方式
173　十　清明梦
183　十一　孵　梦
201　十二　解梦与心理治疗

221　参考资料

# 一 梦在人类世界的历史

关于梦,人类自古以来便有一种特别的崇拜,无论是远古时代将梦视为人的灵魂,又或是天神的启示,又或能通鬼神及占卜等,均与人类"未知"的世界有关。今天人们总是以为梦的心理学是到弗洛伊德时才开始,但查看历史资料,其实从古至今,梦与人始终有着不可分割的关系。

## 美索不达米亚文明：
## 梦的根源，究竟是神话还是真实历史？

人类有文字或版画记录的历史，最远古的乃美索不达米亚文明，此文明比中国的殷商时代还要早，现今可追溯到史前时期，即公元前8000年左右（殷商为约公元前1300年）。美索不达米亚最令人目眩神迷的地方，也是人类最难解的谜团之一，是考古学家发掘出不止一块的《苏美尔王表》，当中记录了历代君王的名字及其统治年期。第一任王乃是从天而降的阿鲁利姆，其共统治了28 800年。之后的八个君王，也统治了18 600到43 200年不等，八个君王共统治了24万年。这是王表中的"早王朝第一期"。然而之后大洪水出现，其王的寿命不知为何忽地迅速缩短。其后的二十多任君王，统治年期则"大幅降低"至305到1500年不等，被称为"早王朝第二期"。我们听来也许觉得,不过是神话传说而已,人又怎能活这么久呢?然而最奇怪的是,在上述这些"神"的统治之后,那些君王的寿命就变得和我们现在的人类寿命差不多长短了。顺下去看,苏美尔时代结束后,就是巴比伦王朝和亚述王朝这些能被历史学家及考古学家验证的朝代,而在巴比伦王朝和亚述王朝的相关记载中,竟然也有提及苏美尔王朝,并且所记录的君王年期竟然和《苏美尔王表》十分相近。

这份刻在石头上的《苏美尔王表》一共找到16份,分散在不同的地方,均以泥版制成。从出土文物中,考古学家发现这美索不达米亚文明实在不可思议,其文明的高度连现代也远远不及。例如当时的人们已知道八大行星的存在,连海王星是什么颜色也知道,然而现代文明是到1989年,人们才从宇宙探测器发回的图像中看到海王星是蓝色的。苏美尔人已有文字、有数字、有时间、有医疗技术,甚至已有文学作品及史诗出现。而梦的存在，最早就是在这些古文物中被发现的。

## 神和人也做梦

在美索不达米亚文学中，最著名的可说是《吉尔伽美什史诗》，其最早诞生于苏美尔时期的乌尔第三王朝（约公元前2150—前2000年），讲述了乌鲁克第一王朝的吉尔伽美什王的故事，其三分之二是神，三分之一是人，在位时间长达126年。自他之后的王，在位都只是几十年，和现在人类的寿命差不多。

在这人类历史上最早期的英雄史诗中，人们发现，梦在当时被认为具有多种不同的功能，最常见的就是作为预言，也有用来预测不好的事件或灾难。吉尔伽美什这位"神人"也会做梦。诗中记载他做了噩梦而去请教自己的母亲——女神宁荪，母亲表示有一个与他势均力敌的人将在他的生命中出现，他妄想要制服此人但终将失败,而最后,二人命中注定成为知交,合力成就大业。

而这个能与半神势均力敌的人就是恩启都,他们之后果然成为好友。恩启都也做梦,诗中说他梦见自己被人捉住了,黑暗的日子来临,诗中写道:"从做梦的那一天,他已耗尽全部力气。"而恩启都最后也卧病在床,直至身亡。

## 黄帝解梦:名臣将领梦中寻

古代中国最出名的"解梦师",非黄帝莫属。他是上古传说中的帝王,也是中国历史上第一个有记载的解梦者。魏晋时代的皇甫谧在《帝王世纪》中记载:"黄帝梦大风吹天下之尘垢皆去,又梦人执千钧之弩驱羊万群。"

黄帝自己有板有眼地去分析,觉得梦应该玩了文字游戏,他说:"风为号令,执政者也;垢去土,后在也。天下岂有姓风名后者哉？"大风吹走天下的尘垢，即"垢"字被风吹走了"土"而剩下"后"，故问有没有人叫"风后"。又说："夫千钧弩，异力者也；驱羊万群，能牧民为善者也。天下岂有姓力名牧者哉？"能拉得动千斤弩者，身怀异力，驱赶万群羊的人也是善良的牧民，前句说的是"力"，后句说的是"牧"，那又有没有人叫"力牧"呢？

不久之后，他果然找到了风后、力牧两位名臣。

## 殷商时期：梦是有天线的大眼睛

公元前1300年的殷商甲骨文中，便有"梦"字。甲骨文的梦字像是睡在床上的人、枕头及头正中一只大眼睛，头上还有类似天线的笔画。从这象形文字中，已可见当年人们做梦与我们非常相似，都是在梦中看见及接收到信息的。

"梦"字的甲骨文

## 周朝时期:解梦能升官发财

周朝是梦史中一个极为重要的年代,在这段横跨近1000年的历史时期(即西周,约前1100—前771年;东周,约前770—前256年),当时人们对于梦的重视超乎寻常,亦超乎中国历史上所有的朝代。当时上自君王,下至平民百姓,人人热衷解梦,解得不亦乐乎。而周朝最特别的地方,是朝中有一些官位,一称为"占梦",另一称为"大卜",都是司掌梦的大官,但凡大小国策,甚至君王的选择,都以梦兆为最终决策。

现代人比较难理解,周朝的人为何会这样"迷信""不智"呢？大家有这种疑问，主要是因为现代人对梦的认识非常浅陋。

周朝的占梦术并不简单，学术界有不少学者曾深入研究，《周礼·春官宗伯》中就有记载："占梦：掌其岁时，观天地之会，辨阴阳之气。以日月星辰占六梦之吉凶，一曰正梦，二曰噩梦，三曰思梦，四曰寤梦，五曰喜梦，六曰惧梦。季冬，聘王梦，献吉梦于王，王拜而受之。乃舍萌于四方，以赠噩梦，遂令始难驱疫。"

占梦术中包含了天象、岁时、梦学、阴阳学说、占卜、医筮等多种知识，占梦官的工作是分辨不同种类的梦境，并在季冬时将好梦献给皇帝，若发现凶梦，则用祭祀仪式将其驱逐。

## 皇权梦授：先皇报梦

在春秋时期，甚至连君主都是由梦的启示而选出来的。《左传》昭公七年（前535年）记载：卫国国卿孔成子、史朝分别梦见卫国的先祖康叔，康叔向二人均表示要立"元"为国君。史朝见到孔成子，告诉他这个梦，发现两人的梦竟然一致，于是立了卫灵公"姬元"为国君。

现在听来虽似荒谬，然而我们别忘记了，若一段历史能横跨数以千百年，当中必定有其值得流传下来的意义。从这一段段跨地域、跨文化的漫长历史之中，我们看到公元前的人类已经开始记录梦的存在，而且开始将梦用作"预言"及"启示"等等。

## 梦的没落：迷失在繁华之中的灵魂

至于其后为何梦境的重要性反而大大减轻了，我大胆做出推测：远古时期的人生活简单、纯朴，对梦有一种神灵般的崇拜，因此会将梦视为一种带点宗教及灵性意味的启示；然而随着时代的发展，以中国为例，到了唐朝的全盛时期，经济繁荣，人民生活比起前代也更多姿多彩。闲暇时的节目或消遣也越来越丰富，随着物质生活的提升，人对于心灵的追求却逐渐减少，对晚上做的梦便少了注意。而现代的心理学也发现，当人心安定时，梦的强烈程度、噩梦的出现也会有所减少。

生活丰富了、安定了、富足了、忙碌了，梦也少了，故此自唐朝开始，梦的重要性便大大减低。直至心理学的兴起，由弗洛伊德的《梦的解析》所提出的梦理论，才再次牵动人们的注意力。

## 二 梦究竟是什么：梦的生理及心理科学

梦是一样很奇妙的东西，就像水和空气，当我们活着时、睡着时，并不觉得有什么特别，但其实它对于人类的生存来说是不可或缺的。正如一个人的人生，假如没有梦想，就如周星驰所说："同一条咸鱼没有分别。"生命失去了发光发亮的热情，灵魂从此失去了颜色。肉体暂时不会死，但心死了，生命只剩一潭死水，却又做不到无欲无求的心境。而梦境，原来就是让我们还能拥有欲求和感觉的证明。对于那些失去了自己的人来说，睡着做梦反而更清醒。

## 什么人会做梦?

记得以前在出版社工作的日子,因为我自身的"电池"容量偏小,每天到午饭时间必得小睡一会儿,否则下午会没有力气工作。某次当我睡足一觉,容光焕发地醒来,走进老板的房间时,老板用一种诡异而带点惊讶的眼神望向我,说:"安妮,你是不是在练些什么邪功?"我"呀?"的一声,露出一副莫名其妙的表情,然后对方说:"你……刚才伏着时,眼球(指了指自己的眼)很奇怪地在转动。"

假如是现在,我会哈哈大笑,嘲弄我老板即使博学多才,原来对心理学也有见识浅薄的时候。

大家也有相似的经验吗?看见一些人睡着时,明明身体不动,但眼球在眼皮下滚动?

这在心理学上称为"快速眼动期"(Rapid Eye

Movement），简称为REM。在这个阶段，脑神经的活动会与清醒时相同，但身体肌肉却完全放松。1953年，尤金·阿瑟林斯基及其学生纳撒尼尔·克莱特曼发现，当一个人进入REM阶段，将当事人推醒，会有八成的人讲述刚刚正在做梦，自此，心理界便普遍将REM与做梦阶段画上等号。因此，基本上每个人、每个晚上都会做梦，只是他们不一定记得而已。

科学家还发现，REM时所出现的脑波频率，竟然和我们清醒时的状态非常相近。因此做梦所触发的反应和感受，都是很真实的。一般人在同一个晚上，会历经四至五个REM睡眠周期，开始时会较短，之后逐渐变长。而刚出生的婴儿，一天有80%的时间都在REM睡眠之中。亦由于婴儿的脑部处于发育期，长期间的REM睡眠仿佛与此有关。故此，也有另一种说法，表示REM和人脑部的自我修复有莫大关系。而在很多失眠患者的身上，也常见到情绪波动、易激动等问题。

二 | 梦究竟是什么：梦的生理及心理科学

# 没有梦的人会怎样？

记得小时候读过一本讲古代酷刑的书，其中一种酷刑令我印象极为深刻，它被称为"熬鹰"，就是不许一个人睡觉（睡眠剥夺）。这词原本是用来指训练猛禽，例如鹰。训练者用一条绳子系住鹰的双脚，当鹰一旦闭上眼睛时，训练者便晃动绳子把鹰摇醒，并且会用强光照射鹰的双眼。在这种睡眠剥夺的折磨下，通常不到三天，高傲而难以驯服的鹰就会被驯化。熬鹰这种酷刑用在人身上时，也就是不让对方睡觉，同样也会使用强光射眼。当事人往往会出现神志错乱、精神崩溃及幻觉等症状。

那时的我年纪很小，很难理解，不许别人睡觉怎么会是酷刑之一呢？而当我学习心理学，以及理解REM及NREM（非快速眼动期，Non-Rapid Eye Movement）之后，便明白一个人若在REM时期被推醒，往往会出现许多心理上的紊乱，还有焦虑、易怒、精神错乱、出现幻觉、无法集中精神、分析能力下降等问题，同时攻击性也会增加，记性也会变差。

## 垃圾记忆的清道夫

1983年格雷姆·米奇森和法兰西·克里克提出，REM睡眠的功能包含一种去芜存菁的模式，即将记忆中混乱的、脆弱的、没用的噪声消除，让重要的记忆得到巩固，他们称为"逆向学习"。他们表示，REM睡眠能"去除脑皮质神经网络中那些不必要的模式"。正因如此，睡得不好的人，往往记性也会变得特别差。很多老年人睡眠时间变短，夜间易醒，也是导致记性开始变差的原因。

## 对记忆及解难能力的影响

2013年，比约·拉什和简·伯恩在其著作《睡眠

## 二 | 梦究竟是什么：梦的生理及心理科学

在记忆中的角色》(*About Sleep's Role in Memory*)中曾表示，REM睡眠有助于增进记忆力及解难的能力，而REM被剥夺后，这些能力也会下降。若一个人有良好的REM睡眠的话，则其语言建构能力和创造力均会有所提高。其中一个原因，相信和记忆有关。在实验中，科学家发现剥夺REM睡眠，会阻碍记忆的巩固，也影响到完成复杂任务时的表现。而当受试者有良好的REM睡眠时，则能更好地学习新的身体运动，及在解难上有更佳的表现。

## 是幸还是不幸——强化负面事件的记忆力

2006年，斯蒂克戈尔德和任教于加州大学伯克利分校的沃克进行了一项研究，发现了惊人的结果。睡眠被剥夺后，当事人对负面事件的记忆力，竟然比正面事件的记忆力高出两倍之多！而这种记忆力的偏差，同时会导致心情沮丧与低落。过去25年来，已有好几项类似的研究发现，睡眠质量欠佳者有可能患上严重抑郁症，甚至其他精神疾病。

## 没有REM会死吗？抱歉，这是真的

1989年，由美国瑞赫夏芬实验室的埃弗森博士发表的一项研究指出，若老鼠的睡眠被完全剥夺，会在一个月内全数死亡。最令人惊讶的是，即使让老鼠入睡，只要不让其进入REM阶段，便可以造成这种效果！除了老鼠之外，1986年意大利波隆那大学医学院的卢加雷西和梅多利的研究团队发表了一个案例，一名53岁男性因为无法治疗失眠，而在数个月内死亡，这病症被称为"致死性家族性失眠症"，而其家族中（两代之内）也有不少亲戚死于同样的症状。解剖人员发现，这名病人的大脑视丘中，与情绪记忆有关及作为感觉信号转运站的地方，有两个子区域的大量神经细胞已经消失。

二 | 梦究竟是什么：梦的生理及心理科学

# 以后胖了可以说："啊，我睡不够。"（但睡了不会更胖吗？）

斯皮格的研究也指出，睡眠不足会破坏内分泌功能，而且饥饿感会增加。目前已有不少研究发现，六至九岁的儿童如果每日睡眠少于十小时，肥胖的几率会上升1.5—2.5倍；成人如果每日睡眠少于六小时，肥胖的几率则上升50%。也有研究显示，睡眠不足可能会导致II型糖尿病。

这时我也终于明白，原来睡眠是这么的重要！

## 身心灵健康第一步：最要紧是睡够

记得曾有一位咨询者，她说话总是颠三倒四，内容不连贯，精神也浑浑噩噩，脸上总是挂着熊猫般的大黑眼圈。她有长年失眠的问题，我们可以想象，连思维也无法清晰表达的人，人生又如何知道该怎样做出适当的抉择？

都市人经常都会熬夜、失眠，那该怎么办呢？这其实只要尽快"补眠"便可以了，研究亦指出，REM睡眠被剥夺过后，只要拥有能进入REM睡眠的正常晚上，便会比平时更快进入REM睡眠的状态，而且REM的次数及时长都会增加，似乎人体会自行补充失去的REM睡眠（或REM睡眠期间的程序运作）。然而不管怎样，REM睡眠肯定是人类生存而且活得好的一个重要条件。

人们常说："相由心生。"我说："最要紧是睡够。"上述的科学证据都已告诉我们，一个人只要睡得好睡得够，不只很多能力会被强化，身心灵也会更健康。而REM睡眠中，几乎必定有梦。因此，以上的种种，与其说是和REM睡眠有关，更大的可能是与有没有做梦有关。

二 | 梦究竟是什么：梦的生理及心理科学

## 动物也会做梦吗？

我家有两只猫咪，一只叫月饼，一只叫月儿。月饼是个很黏人的孩子，几乎每天晚上都要和我睡在一起，它和其他猫咪一样，总爱把我的大腿当成最舒服的床。而月饼睡觉时，经常像我们人类梦呓一样，像在说话（清醒时它是很多话说的），也有过睡觉时嘴巴发出像在吃东西的声音，或四肢抽动，像在奔跑追赶似的。

亚里士多德在《论睡和醒》中说："无论是水里游的、天上飞的，还是地上跑的，我们几乎能明确观察到其他所有动物进入睡眠状态。"

1963年，法国的睡眠研究专家乔维特，将一只猫的脑中专门负责抑制身体运动的部分（锥体径）切除，它的作用主要是使身体在做梦时不会动弹。而乔维特发现，这只猫在睡眠时，会随着梦境的内容做出跳跃、扑击、闪躲等动作，就如亲身演绎梦境一样，然而却是闭着眼睛的。通过这项实验，我们得知猫在睡眠时和人类一样，也会做梦，而且梦境的内容还非常真实呢。

## 梦游不是在做梦

我有一位客人，在晚上会梦游起床煮面，吃两口再回到床上睡觉，第二天醒来才发现，但自己却毫无记忆。有些人以为梦游的人就是在做梦，但其实不然。

之前说过，人在做梦时，脑波处于REM快速眼动期的阶段，然而乔维特却发现，梦游者的脑波是处在慢波，也是NREM非快速眼动期的阶段，在此阶段人的大脑处于无梦而深睡的状态。所以梦游和做梦时，脑部的反应是两个截然不同的状态，有着极大的分别，因此梦游时人们并不是做梦，只是在"睡着时行走"而已。正如"梦游"的英文Sleepwalking。

目前梦游的成因仍然成谜，除了家族性遗传外，也有研究发现可能与压力、精神疾病或脑部病变有关。

# 三 梦的心理学

因为梦,弗洛伊德和荣格这两位历史上最伟大的心理学大师分道扬镳。

因为梦,我们理解到意识和潜意识的重大分别。

因为梦,才能呈现出潜意识那强大的威力。

因为梦,我们才能认识到那既陌生又熟悉的自己。

## 弗洛伊德：自大又伟大的人

关于梦的心理学，相信许多人会想起弗洛伊德的《梦的解析》，这本在1949年出版的书一直流传至今，有些不懂得解梦而又对心理学有点认识的人，总是以为这本书是解梦的教科书或代表作。殊不知，这本书其实最受后世心理分析学派所诟病。

弗洛伊德是一个伟大的人，因为他对心理学的贡献，令人们发现原来某些人、事、物也可以从心理学的角度进行分析。而他出众的看法（也因为他够自大），让整个世界把焦点及镁光灯都放在他身上，从而也放在心理学之上。他的传奇，相信很大程度上是建构于他用科学家、医生及心理学家的身份和角度，将人类最原始而又最羞于展现人前的、带点黑暗又带点绮丽的欲望——"性"及"性欲"，毫不掩饰、义正辞严地表达出来。

对于他出生的那个年代,这无形中是一种性的另类解放,尤其对于以君子及优雅自居的上流社会及专业人士来说。在弗洛伊德的眼中,梦也不过是性的一种表现形式,比如梦见飞翔是性,看见条状的东西(无论是柱或棒子)也是性,尖叫是性的呼号,游水也是性的畅泳等等,对于性被压抑的年代,这些说法令人看得蛮过瘾的。然而,弗洛伊德对性的执着与沉迷,在另一位心理学大师荣格的眼中,是一种病态。荣格甚至在其自传中,不讳言"弗洛伊德肯定有精神官能症"。

而《梦的解析》,也不能说完全没有用,例如弗洛伊德陈述梦的作用,其实也极具参考价值。在人们对梦近乎一无所知的年代,他能整理出这些大概,而且看透梦和潜意识的关系,作为一个时代及学说的先锋,确实令人敬佩。

关于弗洛伊德对梦的定义,有一句话也令我印象深刻,他说:"梦境是通往潜意识的大道。"

在我自己看来,他当年说这句话时,的确够雷。

三 | 梦的心理学

## 梦的六个基本主张

弗洛伊德对梦有六点基本主张：

1. 一切梦都是愿望之实现。
2. 一切梦都是被压抑的愿望的扭曲呈现。
3. 一切被压抑的愿望，都始于婴儿期，且多属于性方面的。
4. 梦的显性内容必与当日睡前发生的事有关，也必与童年的记忆和愿望有关。
5. 梦的象征符号是性的意念、冲突、愿望作为伪装的表象。
6. 梦的功用是维持睡眠不醒。

在这些论点中，我们不难看到弗洛佛德的个性。前三点，他都以"一切"作为开始，虽然有一定程度的参考价值，但我们不难想象，这几句过于绝对的论断一定会被人们诟病。如果一切梦都是愿望之实现，那么杀人放火的梦,或被追杀或看见恐怖画面的梦,就令人很不安和疑惑了。其实这三点,可以简单概括为所有梦都是来自婴儿期被压抑的愿望,而且多与性有关。

弗洛伊德提出,睡眠虽然是生理的问题,但梦却完完全全是心理的问题,这是由于梦的内容几乎都出自当事人的自身经历。有些学者认为梦和生理有关,例如梦见上厕所,是由于身体有小便的需求。然而弗洛伊德认为,这不足以解释梦中所挑选的素材,比如为何有些人梦中的厕所是堵塞的,有些人梦中的厕所没有门,而有些人则根本找不到厕所等等。

值得留意的一点是,弗洛伊德认为梦与心理疾病有关联,而精神异常的状况,也很可能早期在梦境中呈现,好转时也一样。因此只要理解梦,便有可能找到疾病的成因。

三 | 梦的心理学

## 梦是为了满足愿望

在弗洛伊德的理论中,梦只有一个原因:就是为了满足愿望。由于"本我"的愿望被"超我"这个严厉的审查官压制,因此唯有通过伪装的方式,例如在梦中将男性生殖器化为树枝,把女性的身体变成花瓶等,当一个男人做梦梦到自己在插花,其实便是渴望和某位女士发生性关系;当一个女人梦见自己在插花时,也是由于性欲得不到满足。

这种伪装可以让当事人避免道德的批判和审查。弗洛伊德表示,梦的"伪装"可以分成以下几项:

凝缩:将几样有关联的事物,浓缩或简化成一种东西或内容。例如:梦中出现的某人,包含了现实生活中的A君、B君、C君、D君的不同特质。

移置:将重要的东西移放到仿佛不重要的东西上。

视觉化:把内心深处的东西用视觉的形式展现出来。亦即梦是以影像为主要的呈现模式,很少只有单纯的感觉。

象征：以一件事物来表达另一件事物。例如：树枝象征阴茎。

再度校正：当"超我"发现现实环境或道德不容许的东西出现在梦中时，便会阻碍这些东西的影响力，例如在梦中说："希望这不是真的。"醒来时当发现原来只是一场梦，便会瞬间感到舒了一口气。

当我们去理解弗洛伊德的梦的理论时，最难令人信服的一点，除了梦不只是愿望的达成外，最重要的，是他口中的梦实在太有个性了，甚至有点无赖。也许在弗洛伊德的世界，梦其实就是深层次欲望的呈现，而人性的本质，其实也像个无赖一样，想干什么便干什么，想要什么便要什么。人性本有"自私"的一面，所以弗洛伊德的理论有部分是对的，然而却无法解释人性中"无私""慈悲"与"善良"的部分。

作为一个伟大的心理学家，同时也是一个自大的心理学家，弗洛伊德的内心，也许就是被这些强烈的欲望所操控和折磨着吧。

三 | 梦的心理学

## 荣格：既科学又灵性

我国著名心理学家朱建军有一句话，极合我心意："在弗洛伊德看来，梦好像狡猾的流氓，拐弯抹角地说下流话。而在荣格看来，梦好像是一个诗人，他用生动形象的语言讲述关于心灵的真理。"

荣格的梦，其实可以归纳为一个词语："象征。"例如在歌词及古代诗词中，看见月亮会想起你的脸、蜡烛滴下的烛泪仿佛替代你哭、那个女人平常温柔贤淑但心里骂人的话比蛇更恶毒……要理解象征意义，很多时候和我们去理解诗词歌赋一样，其实不算很难，难的，是精要；解通了之后，还要治疗。

荣格认为，梦最主要的目的，是让人的心理恢复平衡。很多人会问，为什么梦要拐弯抹角地告诉别人什么真理或提示，直接说不就好了吗？大家想想，爸爸妈妈叫你好好读书，长大去做医生、律师，你做成了吗？连叫你别打电游、别玩手机，你听进去一半就不容易了。人往往不会接受直接的批评或劝告，潜意识是藏在人类心中千万年的智者，又怎么会做如此愚笨的事呢？

严肃一点来形容，当我们做心理治疗的时候，例如催眠过程中，当患者进入潜意识时，以第三者的角度重温自己的过去，往往就能跳出事件发生时的意识思维框框，以更客观的角度去看同一件事时，往往就能够转化当时纠结的情绪，从而从痛苦中得到解救。所谓："不识庐山真面目，只缘身在此山中。"

我有一位患者，他常常梦见和别人吵架，吵完后对方会死亡或受伤，然后他自己也会受伤或出意外。这位男子性格冲动，真实世界中也常常与人争执，别人受伤了，而他自己也最终因此而受伤。"受伤"这个词，我们会用来形容身体的受伤，也会用来形容心灵的受伤。这些梦其实是潜意识在告诉男子，别再冲动和人吵架了，因为最终只会两败俱伤。

荣格接待过的患者中也曾有一位女士，平时性格固执、偏激、自我,喜欢与人争辩。她梦见自己参加聚会,女主人欢迎她入内,说大家都在等她,一开门却是一个牛圈,里面都是牛。这个梦简明地告诉这位女士,你以为自己很聪明、很厉害吗?其实别人表面对你巴结奉承,心里都不过觉得你是一头食古不化的牛而已。

我们会发现,梦境其实有它残酷与善良的一面。潜意识既残忍又老实,因为它会毫不留情地刺中你的痛处,一点面子也不给;然而潜意识也很善良慈悲,因为它所表达的,其实都是真正的你,它渴望你能接纳及改善自己,人生才会变得更好。

其实通过解析梦境而得到疗愈,重点也在于自我了解、自我成长。

## 象征和伪装不同

弗洛伊德认为梦的表达方式是伪装,这很有人性本恶的意味，人好像不是为了性，就是为了欲望、名利权色这些字眼，而人就是为了要把这些邪恶的念头或欲望隐藏起来（但又忍不住要偷偷告诉别人），所以才会有梦。而荣格则相反，他觉得梦的象征不是伪装，而是为了更清晰地表达。正如前文所说，假如我们用言语去教训上面案例中的两人，相信他们都不会理会。然而因为梦中有影像、有氛围、有场景，带来不同的感觉和震撼，人才会意识到："原来是这样啊！"正如我们听故事、看电影、看书，往往会比单纯听人照本宣科更易得到一些更深层的领悟，这也就是梦以象征方式表达的原因，更能让当事人接纳。

## 荣格反对弗洛伊德的梦理论

对梦境分析的分歧可说是荣格与弗洛伊德分道扬镳的一个重点。在《荣格自传》及《荣格：人及其象征》中，荣格均详细提及他对弗洛伊德解梦方法的抗拒,而由于弗洛伊德在替荣格分析梦境时,往往都带着一种审判的意味,看看荣格是否能提供令他满意的答案,故此令荣格十分反感。他提到与弗洛伊德共事时,曾做过一个梦:

在家中二楼一个舒适的会议室,他惊讶自己从没到过这个充满18世纪装潢的地方,于是又走到一楼看看,发现下面布置着16世纪的家具,很暗,而荣格越来越好奇,想将整幢房子的结构看得更明白。他走到地下室,发现有一道通向大房间的门,这里更古老,看墙壁乃是来自罗马时代。他更兴奋了,掀开地上的石板,下面还有石阶通向洞穴,像是史前古墓,里面有两具骷髅、一些骨头和陶瓶的碎片。然后他便醒来了。

荣格表示:"这个梦是我这一辈子的简明写照,特别是我心灵的发展历程。"然而弗洛伊德却只会主观又草率地认为,荣格不过是在逃避一些弗洛伊德自己觉得的问题。荣格说,他不敢跟弗洛伊德提到头骨、骨骷或尸体这些东西，因为弗洛伊德会觉得荣格其实是想他早点死去。于是荣格只好撒谎，说那是指他家族中的某些人，出于某些理由，所以希望他们死掉。而弗洛伊德对他的这种解释表示十分认同。

当然，荣格内心是很不舒服的，他却不敢向弗洛伊德打开心扉，因为他不愿失去这份友谊，所以只好用撒谎来逃避。他表示："我几乎是自动向他撒谎来说明我那所谓的自由联想，以逃避那比登天更难的任务：就是点醒他，跟他说明我那和他全然不同的心理学架构。"

荣格和弗洛伊德在解梦时的尴尬氛围，正好就是一个真实的例子，指出做梦境分析时可能出现的问题和困局。分析者与被分析者性格的差异，会造成很多不同的状况。

亦因此，荣格更觉得弗洛伊德的梦境分析太着重于坚持理论，甚至强迫做梦者必须配合理论而做出解释，分析师是权威，几乎无可反驳，这种分析其实对

## 三 | 梦的心理学

病患或当事人来说，可以说有百害而无一利。荣格表示："我的梦其实是我自己、我的生活、我的世界……这个梦是我的，而不是弗洛伊德的，一刹那间，我对于自己的梦恍然大悟。"荣格表示他整个人都抗拒着弗洛伊德的理论架构，因为这个理论是由一个陌生的心灵为了本身的目的而建立的，而梦，却是荣格自己的。荣格反对弗洛伊德的有：

- 梦的内容不全是弗洛伊德所说的未曾满足的愿望。
- 梦的内容不全是接受过伪装的基本欲望或愿望。
- 梦的分析不一定要依靠既定的标准象征学。
- 弗洛伊德忽略了梦的个人脉络。

## 荣格梦理论之精要

心理学家柯永河先生在《梦之心理学》一书中对于荣格的梦理论，整理出27个重点，并取其精要如下：

- 梦的目的是帮助心理恢复平衡。

- 象征不是伪装,而是为了更清晰地表达。
- 呈现出个人不愿承认但拥有的部分(阴影)。
- 提示某些应该注意到的生活事件。
- 呈现某些愿望或恐惧。
- 呈现某些压抑、无法表达出来的心理讯息。
- 提示内在或外在问题的解决方法。
- 揭露梦者隐藏的内心世界。
- 梦境呈现出做梦者现实生活当中的某些人、意境,或其行为、习惯。
- 自儿童期即出现,而且重复出现的梦,可能暗示与此相关的情结或被压抑的创伤。
- 梦透过象征意象,呈现出梦者内心世界已经发生的变化。(例如:一位女性起初常梦见一个很凶的男人,而在她处理好过去的创伤后,她梦中的这个凶恶男人就逐渐变得不那么凶恶,而成为一个和善的好朋友。)
- 补偿是可用来了解梦的功用或意义的唯一适当的

概念。
- 补偿是指平衡。
- 梦者的清醒自我补偿其偏颇的、一面倒的思考内容。
- 梦的根源来自深不可测的意识"黑洞"或无意识。
- 无意识的运作有其自主性。所以，由它而生的梦，常常不受我们意志力的支配，有时甚至与意志力背道而驰。

## 情绪本来就很不科学

荣格表示："科学心智对这类象征现象一向感到棘手，因为，我们不可能为象征找到足以满足理智或逻辑的说明。这在心理学中非特例。'情绪'或情感现象是麻烦的开端。心理学者绞尽脑汁，要为情绪现象加上最终的定义，可是情绪却不断逃脱任何界定。不论是象征，还是情绪，这些令人难堪的题目都有相同的原因：潜意识的干扰。"

荣格又说："我很了解科学的观点，不消多说，科学最讨厌面对无法完全精确掌握的事实。这些现象造成的麻烦在于：虽然我们无法否认这些事实，却不可能用智性的词汇去描绘它们，因为真正的麻烦其实是，我们不得不去理解生命本身，而情绪和象征正是生命所创造出来的。"

## 科学难以追求真理

荣格表示："其实，科学理论是十分脆弱的，它致力于让事实暂时得到解释，而非致力于追求亘古不移的真理本身。"

"心理学已不再是科学家在实验室里安静地研究，而是积极参与真实生活的冒险。"荣格认为，即使是临床心理学家也不得不承认，当持续面对一个来访者时，面对情绪冲突和潜意识干扰这些事实，治疗师根本不

三 | 梦的心理学

会有闲暇去理会那些所谓的理论和说法。而这就是心理学及心理治疗的本质，治疗者的战场和射击场并不一样。射击可以计算距离和方向，反复瞄准目标来练习；但治疗师却是在处理一场战事中的因果关系，即使他无法以科学的定义来具体说明，也要自己亲手去处理。也因此心理治疗几乎是没有教科书能教的，因为这些全部都是实战经验。

没有实战的心理学，全都只是纸上谈兵而已。

## 四 梦境在表达什么？

"身心相连"，自古就是人人都耳熟能详的常识。然而到了现代，身和心被强行分割，像把天空那澄明的蓝和浮云的白硬生生拆开，然后，天空不再是天空，只剩下苍白的蓝和忧郁的白，再没有了那广阔舒泰的灵魂。而梦境告诉我们，无论你怎样分析，其实它代表的，都不过是你的生命。

## 身体状况

有一位朋友晚上做了一个非常古怪的梦：一只史前巨兽在他眼前出现，那像一座山般的巨型怪兽令他感到一股巨大的压力，他的呼吸越来越困难，当他觉得快要死掉的时候，突然惊醒了。

然后，他发现他家的猫咪正酣睡在他的胸口上。

相信大家都做过类似的梦：梦中因为尿急而不停地在找厕所，但找了一间又一间，通通都去不成，然后忽而醒来，发觉真的有生理需要去小便。这些由身体状况引发的梦境其实很常见，随手拈来几个例子：在梦中感到寒冷，其实是因为没盖好被子；梦见自己置身火中或炉中，其实是因为发烧等等。

另外也有因梦境内容而触发身体反应的，例如因为梦见被怪兽追赶或遇上可怕的事，醒来心跳、冒汗；

梦见和美女温存,醒来便梦遗等等。我自己便试过在梦中触电,那电流的感觉清晰而真实,醒来时皮肤还在起鸡皮疙瘩。

梦总是呈现着我们身体的不适,绝大部分能够充分验证的、由梦境引致身体状况出现变化的梦,都是因为健康不平衡而导致的。而当我们身体很舒服时,多数也睡得很沉,有一种很舒适美好的感觉,有时即使无梦,也觉得自己"仿佛做了一场美好的梦"。

因此,说梦境是我们身、心不适的信号灯,可以说并不为过。

## 疾病:梦比医生更早知道?

台湾大学心理学系教授柯永河在其著作《梦之心理学》中曾表示,他在某段时期经常做和水有关的梦,去看医生,医生却验不出身体的问题。过了一段时日后,他的泌尿系统出现毛病,需要动手术。在手术前,和"水"有关的梦时常出现,但他做完手术后,则"日本海军舰队乘风破浪的雄姿与歌声离开了我的梦舞台",和水有关的梦也不再出现了。仿佛潜意识以"水的梦"向他提出警告,告诉他要注意自己的泌尿系统似的。这经验令他深深思考,仿佛我们的潜意识一早已透过梦境告诉我们身体的状况,他也因此而踏上研究梦境之路。

潜意识在我们的身体之中,其实比起世上任何的人、事、物,都是最先侦察到身体的失衡的,连病情尚未被检测到之前,便已能觉察到。因为当现代医学能检测到时,病情往往已经到了某种严重程度了。我们常说"病向浅中医",最浅之处,莫过于透过梦境而知道了。

## 中国古代医学早有记载

梦境呈现出身体健康的状况,其实在中国古代医

学典籍中早有记载,而且并不少见。隋代巢元方在《诸病源候论》中曾清楚说明梦境与身体疾病有密切关系:

由于身体或精神虚弱、劳累,气血循环耗竭,脏腑的功能失去平衡,再加上外来的病邪侵犯,最后引起人体的精神和情绪波动异常,故睡觉时便不安稳,容易做梦。

原文:"夫虚劳之人,血气衰损,脏腑虚弱,易伤于邪。邪从外集内,未有定舍,反淫于脏,不得定处,与荣卫俱行,而与魂魄飞扬,使人卧而不安,喜梦。"

隋朝时,人们早已明白身心相连,身体及精神不够强健,便容易感染疾病,因而多梦。原文两次提及"定"字,"定舍""定处",因为"不定",故此"不安"。始于身体及精神(身心)的不平衡,终于导致身体及精神的不适,因此梦境出现,与身心不平衡有莫大的关联。

四 | 梦境在表达什么?

## 梦境会告诉你身体哪里出了状况

很多人以为这件事很玄,但在医学上却早有记载,而在近年,有一位著名的中医师张永明就撰写了一本书,名为《梦病:身体哪里出状况,梦会告诉你——张永明医师为您释梦谈病》。

张永明医师拥有专业医疗背景,身兼医学博士、主治医师、大学中医系讲师等资历,他以多年来的临床观察及专业知识,在书中列举了不同的病例,并以中医理论及中药治疗验证,他认为,梦的确会透露出身体疾病或状况。

书中谈及一位怀孕的妇女纪小姐,最近总是觉得口干、口苦,口中有臭味,难入睡,入睡后又容易醒来。张医师发现纪小姐"舌尖红、舌上朱点盛,薄黄苔,反映出心火旺盛。脉诊:双手尺部出现革脉,浮芤兼见短滑促急"。他说:"这时自己突然心头一惊,此乃中医所谓离经之脉。"

以一般人听得懂的话来说,就是他直觉这脉象不太正常,甚至有小产的风险,于是安慰纪小姐说有胎动不安,能安胎当然最好,但如果胎儿的基因有缺陷,让他"随缘结束"(自然流产),也未必是一件坏事,以免日后照顾得辛苦。

张医师也问纪小姐最近有没有做梦。纪小姐说她常做一个梦,梦中"一直不断追着一个小朋友,怕他危险,一直追着,看他到处跑来跑去,且越跑越远,自己也越追越累!而后突然就醒来了"。

结果一个多月后纪小姐前来复诊,表示初期虽经过各种中西医疗手段安胎,令胎动不安与出血得到缓解,然而上周末在洗澡后,因地湿而不慎滑倒,结果小产。

这就神奇了,因为初期以脉象看来虽有小产的风险,但后来以医疗手段把胎安住并缓解了不适,然而最后还是因意外滑倒,难逃小产的命运。但在梦境的意象中,却不只呈现出胎儿不安的状况(小朋友跑来跑去),还有做梦者怕他危险而一直追(想留住孩子），然后孩子越跑越远（离开），做梦者也越追越累（无力挽回）。

令人诧异的地方在于，这个梦就像是把她从胎动不安、看医生安胎，到小产失去孩子的过程，完整地呈现出来。

中医师并非心理医师，张永明医师能拥有这么具启发性的见解，的确令人万分敬佩。

## 心理状况

### 内心世界：梦说出你不敢说的

对于一个治疗师来说，来访者的内心世界绝对是治疗过程中最重要的东西。然而，人的表达能力有限，自我觉察能力亦有限。而前来求助的朋友，大部分也是因为未能好好运用这两种能力，心理才出现状况。梦境，很多时候就成为我作为治疗师，在帮助来访者的过程中的一盏明灯。举例来说，一个人在谈到感情关系出了问题时,很少会谈到自己的性爱观。即使发问,对方也只会轻轻带过。然而梦境却会赤裸裸地映射出来访者羞于启齿或刻意隐藏的部分。

有一位三十多岁的女子,外貌斯文,性格内敛,笑起来给人一种大姐姐一样的温婉感觉。她离婚后数年仍然单身,开始使用交友软件认识新对象,然而相遇的男性都不合心意。她梦见自己在陌生的家中,将和一位"阿伯"发生性行为,她没有感觉,只问了一句:"有没有戴套(避孕套)?"旁边有一个男士出来阻止,表示这里"很窄"不适合做这件事。女子说整个场景就像在"召妓"一样,而她却没有任何感觉。

我们很难想象一个斯文温婉的女孩,会因为用交友软件认识异性,而内心竟觉得自己似乎只是在做没有感情的性交易。这个梦呈现出她内心的麻木感,以及对现实自己认识异性的状况产生了一种堕落感,也许,也包含了她遇上过一些渣男时的震撼。

她表示与不少异性会面后,对方都没有再联络自己，因此觉得自卑，遂将择偶要求逐渐降低。而要求越低，遇上的人素质当然也变得越差。梦中"阿伯"的形象就暗示出，女子实在很不喜欢这些男人。

于是，她内心的另一面便出来阻止，"窄"也代表了这种关系、这种想法、这种行为的视野十分狭窄。而事实上，女子的条件及人品都很不错，她内在的保护性人格正在阻止她做出不恰当的决定，同时，梦中的"情感麻木"恰好和"恋爱对象"形成强烈的对比。梦呈现出女子的性需要、内心的麻木感、行为上的堕落及失智、自我的保护，就像是在跟她说："爱情，不是这样的啊。"

## 情绪（释放）：其实很需要发泄啊

相信大家都听过弗洛伊德理论中著名的"自我防御机制"概念。例如现今职业女性不但在职场上有其重要职责，回到家中又是妻子、又是母亲、又是媳妇、又是爸爸妈妈的女儿等，一人兼具多重角色，然而在家里因婆媳关系欠佳所受的气，回到公司只能压下去。由于每天的生活压力和各种需要处理的事件，不同角色有不同的情绪，不同的情绪无法好好表达及释放时，潜意识便会在梦中帮助其释放出来。

很多人的噩梦，其实是一种情绪释放的梦境。举例来说，平时温文尔雅的男子，在梦中却变成了一个四处破坏的坏人，情绪只有愤怒和憎恨，那很可能其在生活中承受了不少的压迫及怨气，而由于清醒时无法好好表达和释放，于是只能在梦中呈现出来。

这种情绪释放是必需的，正如之前的章节我们提到过，若不许一个人做梦，那这个人的情绪就会变得易怒、暴躁，也难以应付生活中的难题和挑战，简单来说，就是情商（EQ）低了很多。而人们在梦中做出一些平时不敢做的事、说一些不敢说的话时，通常有一种"很爽"的感觉，这就是情绪的释放。

而遇上噩梦时，也是恐惧的情绪释放，以及重要的提示。因为平时我们可能面对危机而不自知，但潜意识却都已经觉察到了。唯有让你感到恐惧、焦虑，才会促使你认真地面对。

**创伤：既真实又残酷**

创伤，可能是童年时期所受的，也有可能是成长后所受的。例如前几年肆虐全球的新冠肺炎疫情，肯定会成为一种集体创伤。记得有一位来访者，他每次都梦见自己被困在一个狭小的空间内动弹不得，这个空间只有一张床的大小。这也是由于新冠疫情期间，"限聚令"使人们足不出户，而香港生活空间狭仄，他在梦中就像坐监一样，只能待在那只有一张床大小的房间内，觉得难以呼吸，感觉"既安全，又不安"。

这梦呈现出他内心对于"限聚令"的矛盾。而这种困局与困顿，不知何时才能解脱。内在的那份无力感、无助感以及没有将来、没有动力、难以呼吸的感觉，令其身心均承受着一种难以言喻的压力，造成了内心创伤。

## 矛盾及深层冲突:人人都有

尼采曾说,人生最遗憾的,莫过于轻易地放弃了不该放弃的,固执地坚持了不该坚持的。

荣格表示,重复出现的梦可能呈现出梦者心中的一些结(荣格称为"情结"Complex)或被压抑的创伤事件。由于人随着成长,会学懂一些"生存方法",加上"防卫机制"的自发启动,所以,不少人内心虽然充满冲突与矛盾,然而在日常生活中并不自觉。这种矛盾会带来一些难以解释的障碍,而由于平时我们无法了解梦或潜意识的真意,故而往往被严重忽略。

而重复的、同一主题的梦境,往往都与这种内在矛盾与深层冲突有关。

有位解梦班的学员,从小到大经常重复做同一主题的梦,梦中他去到考场,但考试时却发现题不会做,又或发现自己温习错了科目,又或考卷上不是自己认得的文字,甚至总是去错考场。

考试梦相信不少人都曾做过,无论是在就学期间还是已投身职场，甚至没有工作的人，也会梦见考试。以梦境的语言来说，考试的象征意义，不难理解就是考验、挑战、能力的比试、成绩与结果的试炼等等；又或者，从个人情绪与感受层面，最常见的是紧张、焦虑、恐惧、担心、错愕等，例如上述学员梦中的一个场景就是考试时发现卷上的文字自己看不懂，又或到派卷时才发现考的科目不是自己温习的科目，这些都会令人产生错愕、不知所措及焦虑等的情绪。

人生之中，处处都是挑战与比较。当一个人对成就的得失、自我能力的要求看得比较重，又或面对挑战容易感到恐惧与不安时，就很容易做考试梦。

在这个充满竞争的社会里，其实很多人面对挑战时，都未必拥有完全的自信。而所谓的自信，也不是必胜的胜算，而是即使失败也感到自在，能欣然接纳失败及自我审视的内在素质。成功很好，失败很差，这是从小到大的教育标准，将一件事做得好会得到赞赏，做得差（失败）了会被责骂或受到惩罚（被忽略有时也是一种惩罚)。然而,事实是,成功不一定好,失败也不一定差,但在这个只追捧成功、贬低失败的时代,人们面对挑战总是感到焦虑。

我记得有一位来访者是位家庭主妇,她做考试梦的原因,是怕饭菜煮得不够好吃,丈夫不高兴。多么的真实,却令人唏嘘。

我们其实都很明白,太早成功或门门功课考第一的人,一旦面对失败,只会跌得更痛,因为他从没有经历过失败的磨炼,也就没有承受起伏跌宕的韧力。我有一位来访者,上学时每次考试即使有九十五分,都会被母亲痛斥毒打,所以养成了必须事事满分的个性,亦令其丈夫感到极大的压力,因为世上没有任何一位伴侣是一百分的。而最终导致婚姻失败,也成为她生命中最重大的挫折,令她崩溃至严重抑郁。

文章一开始提到的学员,他是部门主管,会被下属询问很多事情,他当然并不是每件事都懂得,然而因为面子总是装懂。亦因此,同事和他的关系不亲不

## 四 | 梦境在表达什么？

熟，做起事来总有一种吃力与孤寂感。在上解梦课期间，他突然醒悟到，梦其实是在告诉他："不懂便认，不要装懂啊！"

他表示当时整个人像五雷轰顶，发现原来和同事的关系一直不算融洽，也许同事其实也知道他很多事情都是"撑"或"装"出来的。因为其中一个梦，是其他一起考试的同学都在嘲笑他找错考场。

心理学大师荣格曾表示："梦的基本目的是为了恢复心理平衡。"因此当一个人太执着于某方面，而忽略了自己的另一面时，梦便会做出提示，以协助当事人的心理恢复平衡。

而当学员理解到这一点之后，再遇上他不明白或不懂的事情时，便直认不讳，他表示内心真的坦然、舒服了很多，而最令他意外的是同事根本没觉得那有什么大不了。以前，他以为若他不懂，就会被嘲笑或看扁（当然这也和成长经历有关），但结果什么事都没有。他笑说："我好像现在才知道，原来人有些东西不懂是正常的。"当然，遇上必须处理的事情时，他也告知下属会尽力找到答案。于是上司下属之间的关系也大幅度改善。

而自那次从梦境中领悟到"不懂便认，不要装懂"之后，他再也没有做过考试梦了。

**愿望／渴望：想就要承认啊**

早在弗洛伊德的年代，这位心理学大师便明确指出，梦境是一种愿望的达成。随着不同理论的兴起，以及多年来的验证，人们虽然明白梦境所表达的远远不止于此，但梦境会呈现出愿望、渴望这一点，也没有任何人推倒过。关于愿望，梦境有时明确、有时隐晦。而有些时候，人们甚至可能在意识清醒的状况下，对自己的某些渴望并不清楚或不愿承认。

有一位女士，婚姻生活并不如意，有次她梦见自己在列车中，丈夫站在身前数尺之外，不断和她说话。然而她并没有听进去，也不知丈夫在说什么，她只是

## 四 | 梦境在表达什么？

望向窗外一幕幕闪过的风景，心想："如果我能去看看这些美丽的风景就好了。"

这梦呈现的是，女士被婚姻困住多年，错失了许多的人生机会，甚至不同的伴侣及经历。她内心对丈夫生出了距离和抗拒，渴望走出婚姻，重获自由。这些内心的渴望，平时只敢自己幻想，不敢向丈夫表达，所以借由梦境表现出来。因此我们总是说，小孩子想怎样便怎样，不用怕别人的批评，待人越长大越成熟，承认自己反而越来越需要勇气。很多人在社会打滚多年，甚至连自己的面貌也已经失真。幸好我们还有梦，因为在梦中，你不用再伪装，也不必为了讨好谁而讨厌自己，你无论多么的不堪、多么的高傲、多么的疲累、多么的悲伤，但至少，你仍是你。因为你可能会欺骗你自己，但梦不会欺骗你。

### 需要：不过是需要，没什么大不了

需要和愿望、渴望不同，有时候只是一种身体或心理的需求。梦境总是给人一种很复杂的感觉,但面对简单的需要,梦境其实也是直白和简单的。

有一位女性朋友,已单身多年。她表示梦见和某位男性朋友有性行为,醒来后觉得很恶心,一再强调自己绝对不想和对方有任何身体接触。这梦境呈现出的是她对性方面有一定程度的需要,然而却不想和不喜欢的男子有亲密关系,所以做了一个矛盾的梦。所有的压抑都会寻找出口,也许这位朋友的潜意识在暗示她应坦承自己的生理需要,而其实欲望人人有之,对自身多点接纳与包容,身心会更健康及平衡一些。

## 生命的轨迹

### 过去

前文说过梦境会呈现创伤,而人过去的经历,在潜意识中刻下了百般滋味的印记,无论你想知道或不想知道、你想接触或不想接触、你想明白或不想明白,

四 | 梦境在表达什么?

梦境会将这些感受和信息都一一呈现。不少朋友都梦见过小时候或以前居住过的地方,去过的地方,见过的人、事、物等等,有时,甚至是死去的亲人或朋友、偶像或明星。

梦到过去场景有一个特点,在梦中出现的人、事、物,大多与做梦者内心尚未纾解的情绪,或尚未疗愈的创伤有关。当中可能是心结、创伤,又或是生命的苦难或人生挑战的相关信息,而它们都和做梦者以往的经验有密切关系。而又由于当年的情绪尚未完全释放或纾缓,故此梦便出现,以传达信息或帮助部分的情绪能够释放。

有时做梦者会梦见自己是别人,以此来体验别人的感受。梦中的情节或感觉会与自己遇过的某些人相似,从而学懂了更大的同理心,而人生中的一些纠结或痛苦、疑惑,很有可能因为这种角色的感悟而迎刃而解。

## 现在

梦到现在的状况很容易理解,当中包括环境(例如冬天踢翻了被子觉得冷)、平日生活中的情节、身体状况(例如想去小便)、心情感受(例如被老板骂了一顿或有一段浪漫的经历等)。此外,也会出现人生中的一些纠结情绪(例如爱上一个不该爱的人)、人生中的选择(例如是否该换工作或移民)、内心的矛盾冲突(例如想辞职但又怕失业)等等。

将时间段放眼于现在,只要和现在相关的就是了。

## 将来

假如将来能够预见或操控,很多人就不会那么彷徨和迷失了,当然,人生的乐趣及对改善人生的动力也会少了很多。自古至今,风水术数拥有庞大的市场,而且永不衰竭,就是来自人们对将来的恐惧。人总是渴望能有更多信息让自己趋吉避凶,甚至掌握将来。然而,即使是历史上最伟大的预言家,都未能百发百

## 四 | 梦境在表达什么？

中，因为外在环境会变，时代不断在变，人也不断在变。就如蝴蝶效应一样，一个细微的变量，随时可以改写历史。

然而，当我们预测将来时，最重要的元素，其实就是"我"，因为那是"我的将来"，"你的将来"和"我的将来"永远无法一样，因为你不是我。

而既然"我"是最重要的，那么，"我"所知道的信息，及透过"我"而推敲出来的将来，就是最准确的。而这个"我"，就是"潜意识"。然而，当我们在所谓的清醒时，即意识主导时，我们的个性、教育、心理创伤及情结、当下的情绪、环境及身心状态等，均会影响到我们的判断力。再加上许多不理性的诱因，例如被欺骗、自欺欺人、迷信、自尊及自我种种，导致我们无法静听潜意识的声音。

而唯有梦，当我们睡着时，意识被关掉了，由潜意识主导，才是真正的"我"所整理出来的信息，当中，有时会包含了对将来的预兆。

在日常清醒的状态时，我们的内心可能会感到困扰，或不知该如何选择，而梦境却像一个头脑清醒的智者般，告诉你将来的路向、将来的危机、将来的可能性，以及对你来说哪些选择会比较好，甚至还可告诉你那些你没有想过的方向或做法，往往蕴藏着智慧和信息。当中的准确度、有用度，可以说比起任何医卜星相或预言大师都更准确。因为，那是你，世上没有一个人，比你的潜意识更懂得你。

**不在过去、现在、将来的**

这点听来有些奇怪，因为与过去、现在、将来也无关的，究竟是什么？而我会说，这些却是对当事人来说极为重要的经历。

未经历过的人生体验。不知大家有没有梦见自己来到一个没有来过的地方，遇上没有遇过的人、事、物，经历着小说、电影或肥皂剧里才有的人生体验？以下这一点，只是个人看法，我没有在其他书籍中看

四 | 梦境在表达什么？

过，希望分享出来，让更多的专业人士能有所觉察。

在我接触过的不同来访者中，有些梦给我的感觉是：假如不改变，这梦就有可能成真。这种梦，是介乎心灵投射及预知梦之间的梦，它呈现出当事人的特质，以及因这些特质而可能引致的人生体验。

这种梦和其他"在经历人生中没有经历过的事"的梦不同，梦境很少有怪异的场景及体验。有时做梦会有种"那不像是我"的感觉，有些梦会是纯然的快感，例如在天空飞或赛车，是很爽的感觉，但这种梦恰好相反，梦境的情节中，你就是你，而且梦中的你所做出的反应，都给人一种"啊！这不就是你吗"的感觉，看似无甚特别，却往往都带着一种教训的意味。

举例来说，某位来访者曾做过这样的梦：一名成熟的男士对她有意思，送了她一条珍贵的项链，然而送了之后却跟她要五千元。她心中不快，但那男子拿出单据，表示项链值五千五百元，她心里觉得男人其实也不是那么坏，就给了那男人五千元，回过神来，男人却把五千元和项链都一并拿走了。

来访者是个温文柔弱的女子,这个梦中所经历的,是一个全新的人生经验,却有丰富含义。她的个性总是很易信人,这个梦仿佛是在教导她一个生命中极重要的教训。她渴望有一个对自己好的伴侣,过往的伴侣对她并不是很好,但她总是说那男人还是有对她好的时候。这个性的缺点,在梦中加倍地呈现出来。在梦中,男人换成成熟的模样,表面上疼爱她,然而其实是个骗子。她之前的伴侣较年轻,不成熟,也没很多手段,因此这梦的情节不是过往创伤的投射。

但我总是觉得,假如她没有解通这个梦,也许真的会遇到和梦中相似的经历。当然现实的体验未必真的是五千元和项链,以象征来说,也许是被一个花言巧语的男人欺骗了,而她还天真地觉得对方不是很坏,结果到最后被骗得更多、男人消失了才明白过来。

大家想想,你生命中遇见过的某些人、事、物,是否都会偶然闪过一种感觉:好像之前已在梦中经历过?

四 | 梦境在表达什么?

人生是一道道课题,每一次苦难、每一个挑战,都是让我们学懂一些宝贵智慧的机会。我很庆幸,因为她做了这个梦,而又解通了这个梦,她往后的人生应该不用去经历一次这么惨痛的教训了。

## 线索或答案

某个线索或答案很多时候是梦境想传达给我们的重要信息,其实想趋吉避凶,懂得解梦比任何强大的术数都厉害。古时不同国家地区的重要人物,都看重梦境的内容,假如没有真凭实据,或没有大量的案例,解梦是绝不可能存活数以千万年的。而现代人和古人不一样的地方,是我们对梦境认识肤浅,欠缺亲身实证,多只视作无用或迷信,因此会有"人生如梦""往事如南柯一梦"的慨叹,却从来没有认真去探索梦的启示及意义;然而,乐观的是,我们和古人一样,仍然会做梦。

## 警告：一早告诉你，你却不听

当人生即将发生某些大事时，往往潜意识最早有所感知。例如我便做过一个梦，梦到某只股票会大跌，我的梦在清晨时出现，只见有股市图的红线下滑，有一个声音说："跌了很多啊！"那刻我便惊醒了。然而我由于并没有手握很多股票，也对股市一窍不通，故此没有理会。怎知那天我持有的股票的确下掉了超过百分之二十，亏的钱等了很久才涨回来。

我另外的一位学生就聪明多了，她和男友吵架，男友提出分手。学生很伤心，想去求男友回来，但梦告诉她要忍耐，什么都不要做，否则手中握着的东西会碎裂。结果隔了数天，男友以为她真的不回来了，竟感到很伤心，发现原来自己很爱她，求她复合，且对她比以前更好。

这些警告在梦中时常有之，如能解读出来，其实能帮助人生避过许多不必要的灾难。有时梦境的警告极度强烈，甚至关乎性命。

荣格也曾郑重指出，如果我们充耳不闻梦的告诫，真实事件便可能取代梦的位置，做梦者可能遭遇不幸。因为潜意识早就觉察到危机的出现。他提到一个男人总是和麻烦事纠缠不清，病态地不断去征服危险的高山作为心理补偿，某天晚上他梦见自己从山巅跨出去，一脚踏空了。荣格当时便立刻警告他，这梦在预示他会死于山难。然而所有的劝告都没效，半年后，这名男子真的在爬山时，因为下滑想找立脚点踩空了，摔在朋友身上，二人一起坠进山谷丧命。

## 信息：报梦是不是真的

警告其实也是信息的一种，特别是有些信息的梦，例如某人梦见过世的父亲，叫他去探访或致电某位亲戚，醒来照做发现原来这位亲戚已经病重，没人照顾。

有一位女来访者就做梦来到一位年老独居的长辈所居住的大厦，她在大厦的楼梯上走着，仿佛刚去探望完这位长辈。这么简单的梦，却印象深刻。我鼓励她去联络一下这位长辈,她当晚便致电问候,得知原来长辈最近身体十分虚弱而且患上重感冒,自觉时日也许不多了。

线索或提示的梦境内容,比起警告梦的内容情节及情绪,都相对没那么强烈,通常是轻描淡写地带过一些信息,有时是完整的梦,有时只是一些简单的片段,甚至只是一闪即逝的画面。然而这些简单的画面,却都带着一些颇有用的信息。

线索/提示梦特别会在经常想起某个问题的夜晚出现,例如有位男子约了一位心仪的女性,但不知道该预订哪一间餐厅好,因此而梦见某餐厅的招牌,这招牌的影像也是一闪即过,而他因为当时不太相信梦境,最后并没有选择这间餐厅,怎知女生在饭局中竟然说,想过提议去那间餐厅吃饭呢。

### 答案:天才的杀手锏

答案梦和线索/提示梦很相似,但问题比较重要,

## 四 | 梦境在表达什么?

多是某些日夜缠绕着想知道答案的事情。最著名的例子是德国化学家凯库勒,主要研究的课题是有机化合物的结构理论,有一段时间,他苦苦思索苯环结构而不得。某天晚上,他梦见一条首尾相衔的蛇,因此想出了苯环的正确结构。这件"梦启"的事也因此流传后世,成为美谈。

答案梦有时也会提示一些解决方法,例如我有个学生很想老板给他涨薪水,在课上学习到孵梦的方法(后述),结果真的做了一个梦,学生跟着梦的指示写了一封电邮给老板,老板竟然没有任何留难,真的就这样给他加了薪。他笑着回来分享这件事时,我们都觉得梦真的很神奇呢!

# 五 梦是最古老的语言

世上有一种语言,沉默无声。

看见,真的是看见;听见,真的是听见,

只要能用心感受到,一切便一目了然,

这东西,名叫象征。

## 古代的神话、诗词、文学、艺术

研习梦境内容的初期,面对着一个个疑幻似真的梦境,我脑袋一片混沌:"天啊!究竟要怎么解读这堆异世界语言啊!"心中既想放弃又不服气,明明知道梦是无价之宝,但要怎样才能打得开这个宝箱呢?直至某天,我读到日本殿堂级荣格心理分析师河合隼雄的著作《神话心理学:来自众神的处方笺》,才茅塞顿开。当中有一篇由辅仁大学宗教学系副教授蔡怡佳女士所撰写的推荐序,提及波兰小说家奥尔加·托尔丘克在绘本《迷失的灵魂》中,所说的一个故事:

曾经有一个事情做得又快又多的男子,长久以来把他的灵魂抛诸身后。没有灵魂,他活得更轻快,照常吃喝工作。只是有时候,他觉得周遭一切都变得好扁平,而他自己则仿佛在数学笔记本中的平滑方格纸上,不停地移动。

某一天,男子在奔波的旅途中,突然忘了自己身在何处,要做什么,甚至忘记了自己的名字!从行李箱里的护照上,他才找到了自己的名字。他去寻求一位以智慧闻名的医生协助时,医生告诉他:如果有人可以从高处俯瞰我们,他会看到这个世界充满匆匆忙忙奔向四方的人群,汗如雨下,疲倦不堪。他也会同时看到这些人失落的灵魂,在后面挣扎着想追上。灵魂失去了他们的头,而人们失去了他们的心。灵魂知晓所失去的,但人们对于失去灵魂这件事情却浑然不觉。

医生给男子的药方是"等待":他必须找到一个地方,安静地坐下来等待灵魂。等待的时日可能很久,但没有其他的办法。男子接受了医生的建议,在城郊找到一间小屋,每天安静地坐在椅子上,什么也不做,除了"等待"。一日又一日,一月又一月,头发越来越长,胡须都及腰了。

终于,在某一天的下午,有人敲门,男子看见他的灵魂出现在门口，看起来又累又脏，全身布满伤痕。

与灵魂重逢的男子，和他的灵魂快乐地生活了很多很多年。男子不时提醒自己，做事情时不要太快，以免灵魂跟不上。在某个晴天，男子将他的钟表和行李箱埋在花园中。钟表开出了喜悦的花朵，宛如色彩缤纷的铃铛。行李箱扎了根，变成巨大的南瓜，成为漫长宁静之冬的佳粮。

记得当年我读到这个故事时，忽然心中一颤，仿佛被闪电击中般，有一股电流流遍全身。

我心想："梦呈现的形式，不就是这样吗？"

"从行李箱的护照中，他才找到了自己的名字。"我们，不也曾做过这样的梦？梦中忘了自己是谁，看到某些东西，或别人叫我的名字，我才记起。梦中，我们不知为何在等待，只知道要等待，然后有某些人、事、物出现了……这些感觉，不都很熟悉吗？

作者河合隼雄是日本知名及有实力的一位荣格心理分析师，而这一本著作以神话为主题，也是由于荣格认为梦境不时出现的神话元素，对人的潜意识有莫大的意义。甚至有时做梦者会梦到从来没有接触过和该神话相关的信息，这就很玄了，但荣格认为那是集体潜意识及原型所致。

## 梦是象征的主要来源

我们从小读的不同神话传说，其实都满载着人生智慧。而文学、艺术作品，也同样以说故事的手法、象征的意义来表达不同内容。顶尖的艺术，全都恍如神通，来自灵感。因为，那些都是来自潜意识，即我们心灵的表达。荣格曾说："在梦里，象征自发地出现，因为梦也是自动发生，而不是人发明出来的。因此，梦是我们所有象征知识的主要来源。"也就是说，梦，是象征出现的根源；而文学、艺术的象征表达手法及灵感，是最接近梦境的表达和产物。也因此，我们可以透过类似解读文学或艺术作品的方式，来解读梦境。

## 五 | 梦是最古老的语言

成为心理治疗师之前,我曾在出版社做编辑长达十多年,从小便是"书虫",最爱读小说,也曾拿过一个数以千人参加的小说创作比赛冠军。小说当中有一个角色有通灵的能力,当我写作时,他口中说的话,也仿佛不是来自我的。而这个被称为"细佬"的人,也是读者最喜欢的角色。

因此,对文学、故事,我毫不陌生,它们甚至可以说是我血液的一部分。

一理通,百理明。自此,我便用看待文学、艺术、神话故事的态度来解梦,竟如鱼得水,游刃有余。

然而,渐渐地我发现,梦境的表达其实比文学作品更丰富,手法也更复杂。我将其归纳到这本书中,希望有助于大家明白。

## 梦用象征来说话

在文学的修辞手法中,我们常听到象征、比喻。

比喻是用一样东西来形容另一样东西,例如:她的脸像皎洁的月亮一般雪白明亮。

而象征则更为含蓄,甚至艰涩难懂、耐人寻味。象征乃借用某些具体的东西、人物或事件,来暗示某些事理,既可浅白,也能深远,意境无穷,而其寓意或情感却没有固定或必然的答案。其艺术成分较高,蕴含的意味更丰富。

例如梁祝化蝶,黄霑在《梁祝》一曲中,有歌词道:

> 无言到面前,与君分杯水,
> 清中有浓意,流出心底醉,
> 不论冤或缘,莫说蝴蝶梦,
> 还你此生此世,今世前世,
> 双双飞过万世千生去……

当中的"水"是象征二人清雅的浓情,明明是水,却像酒般能醉人。而"蝴蝶双飞",就是象征二人死后化蝶,不离不弃、生生世世在一起、至死不渝的爱情。

水,这个物件是客观的,但随着不同的人有不同的经验,对他们来说就有一种独特的意义。因为这是一份与众不同的情感,当中包含了两人无言地分一杯水的意境,明明水没有味道,两人因为情,却如喝酒般地心醉。

蝴蝶双飞,则因为这个故事,构成了一种家喻户晓的象征比喻,代表凄美而至死不渝的爱情。较为形象化,也更容易透过想象力而理解其比喻的意思。

而梦,则以象征来说话,因此其含义独特且深远、丰富,主要是对于做梦者有象征意义。世上所有的语言,都不如象征般,可以同时表达不同层次的含义,而且内容丰富得一本书的篇幅也说不完。

## 符号与象征

荣格曾说:符号的含义永远少于它所代表的概念,

而象征则永远表示比概念表面的直接意义更多的东西。

符号是人发明的产物,例如我们小时候看电影《僵尸先生》里那些用来驱邪捉鬼的符咒,也属于符号。而象征是心灵的,是自然的、自发的产物。

符号代表着背后的意识思维,象征却能暗示着某些未知的事物。例如每一个文字本身就是一个符号,把时间拉远,说到象形文字就比较易懂了。一个文字只能代表文字中的意义,这就是有限的内容;然而象征却是更深远的,它并不限于过去所订立的意义,能因时易势随时变化。

## 象征来自心灵最原始的部分

"语言是误解的源头。"(出自法国作家圣·埃克苏佩里的《小王子》)

在清醒时,我们以文字和语言来沟通。然而,心灵中的记录,却不是以文字和语言来储存的。

## 五 | 梦是最古老的语言

回想一下,当我们尝试表达过去的一件事或一段人生经历时,是否必须经过一些转化的过程,才能化成语言或文字?很多时候,我们甚至会说:"不知道该怎样形容……"很多感受或经历,我们都拥有,却难以言表。

那是因为,人类内在最原始的部分并不是以文字和语言来储存信息的,我们用的是回忆。而回忆是由影像、感觉、感受、直觉、情绪等元素混合而成。因此,我们往往会用"场景"来形容那些回忆中的片段,而场景中的人、事、物,其实每一样都包含了丰富的象征意义。

正如我们常说的坠落的梦。在同一个地方,同样是坠落,有些人感觉跌落黑洞,有些人感觉只是跌倒了,还有些人感觉像在飘浮。而这些不同的感觉,就是构成象征意义的重要元素。

因此,若拿走了"感觉",所有的人、事、物便仿佛失去了灵魂,只有躯壳。亦因此,如果只是肤浅地考虑到一个事物，而没有考虑到"感觉"这最重要的部分，就断定这象征所表达的意思的话，就只是徒有空壳，而没有了解背后的艺术精髓。正如一个没有灵魂的人，只是行尸走肉而已。

然而，一件东西，无论多么的平平无奇，甚至只有空气，只要加入了感觉，便随即产生万千变化。举例来说：两个人，沉默坐着。此时在空气中弥漫着一份感觉。而这份感觉，是一份暧昧，还是一份怨恨，就已经是两个截然不同的故事了。

而这些，无论在任何国家、任何地方，即使没有语言、没有文字，却都能令人心领神会。

因此说，象征是人类最伟大的语言，实不为过。

## 惯例的象征、偶然的象征和普遍的象征

和弗洛伊德及荣格同时期的心理学家弗洛姆（Erich Fromm）于1951年曾出版过一本知道的人不多，

## 五 | 梦是最古老的语言

却饶有意味的书,称为《被遗忘的语言》(*Forgotten language*; an introduction to the understanding of dreams, fairy tales, and myths)。他以"被遗忘的语言"来形容梦,而不是说发现了梦的表达形式。因为梦自古便与人同在,我们都曾懂得梦在说什么,只是我们都遗忘了。

弗洛姆同意梦是象征,并把梦的象征分成三类,分别为惯例的象征、偶然的象征和普遍的象征。

### 惯例的象征

一些东西本来没有名字,例如一块板下有四条支柱就叫桌子,小一点但同样结构的东西,叫凳子,上面再加一块靠背板则叫椅子。有些地方叫它们table或chair,其实都是一些约定俗成的名称,这就是惯例的象征。

### 偶然的象征(个人化的象征)

某些事物因为个人的特殊经验,而产生了一种只对当事人有意思的含义。例如小时候我家的阳台上种满了秋海棠,那是父亲种的,而父亲总是在阳台上坐着,小小的我则在阳台上做着功课。父亲过世后,我每当看见秋海棠,便会产生一种特别的感觉或情怀。这就是弗洛姆说的偶然的象征。但我觉得用"偶然"二字不太能够正确地表达这种象征意义,故改称为"个人化的象征"。

### 普遍的象征

普遍的象征可说是由大量的比喻而演变出来,例如我们总是用太阳代表正能量、正义、王者;黑夜代表神秘、黑暗、痛苦等等。而这些象征的意思可以说是跨民族、地域和语言的。

## 象征的作用

很多人以为语言是用来表达的最好的工具,然而人却未必句句真心,透过人的嘴巴说出来的东西,有时词不达意,有时带着虚伪与掩饰,有时内含谎言,甚至不知道自己想要什么、该说什么的也大有人在。而且,人很多时候,还会自欺欺人。

但透过象征,以上这些种种刻意与非刻意的效果,都完全消失了。因为场景的力量,我们能知道那人内心真正的想法或感受。举例来说,有位好好先生,一辈子只是老老实实地做人和赚钱,对妻儿子女和朋友都很友善,然而他却做了一个梦,梦中的他仍是单身,有人说要介绍一个好女孩给他认识,他心中觉得很高兴,但又不知该穿什么衣服去见这个女孩好。

这个梦隐隐揭露了他内心渴望自己还是单身、以有一个新的伴侣而兴奋和喜悦。难道这代表他对妻子不忠了吗?不是这样的,只是每个人在不同的人生阶段,都会有不同的渴望。长年相伴的伴侣,也有令人烦闷的时候;守着家庭,也有压力沉重的时候。内心会渴望走出困境是很正常的。也正因为他是个老实人,认为一个男人必须守着家庭和妻子，故平时将内心的渴望和需要都压抑了，例如周末加班和照顾孩子，而放弃了和太太二人世界的机会，令一段感情慢慢变得只余下责任，失去了乐趣。

而这些，在他清醒的时候，是想也不敢想的，也未必会承认。可能怕太太伤心，也可能自欺地以为自己没有这种需要。

但梦，永远不是我们用脑袋就能控制得了的。梦是最诚实的，因为那才是真正的你。当我们能够真正地接纳内心的需要和情感时，即使外在环境没有变化，即使还是要每天上班，但你可能开始在每个周末和太太去喝早茶，聊聊天，或去晨练吹吹风，享受一下单纯而美好的二人时光。

## 象征的多义性

简单来说，就是同一件事物在同一个梦中，可代表不只一个意思,例如有人拿着石头在敲打某个人的脑袋,石头既代表了"石头"这个物品,也可能代表食古不化的思想。又如有人梦见自己在天空上飞,对做梦者来说,飞的感觉既可能代表自由,也可能代表不踏实。

而同一件事物在不同的梦中,更可能代表不同的意思。例如刚才说到的石头,如在另一个梦中,做梦者梦见自己在浸热石浴,觉得很神奇,因为想不到原来把石头烧热浸在水中,会对身体有某些疗效。假如做梦者本身有疾病,而中西医疗都对他无效,这个梦中的石头,就可能代表着另类的自然疗法。

## 若找不到象征的意义该怎么办?

正如上述表达过的不同象征,有些象征是个人的,有些象征是民族或来自深远的潜意识的,就如我们在读一本艰涩的书,有些内容还是未弄懂一样。我建议大家不必过度追求完美的解读。正如象征的多义性，我们未必可以完全解通一个象征所表达的全部，也未必可以完全解通一个场景中的多层意义，那么就放下吧。在我自身的经历中，有些场景，过了数年，甚至十数年我才明白当时在说什么，而有些，至今仍然是个谜。

然而，这也就是梦的奥妙与乐趣之所在。因为不知道，所以才能前进；知道一切，那就不好玩了。

# 六

## 解梦方法六步曲

荣格：处理梦的时候，有两个基本要点：一、应该正视梦为一项事实，同时抛开所有预设，追寻它可能的意涵；二、梦是潜意识的特定表达。

## 解梦的价值

为什么要解梦？很多人说，平时生活即使不解这些梦，我还不是活得好好的？的确如此，正如你每月收入五万元，即使你不投资不买保险，生活也能过得好好的。但人生总有挑战和起伏，例如结婚、生孩子、意外、生病、疫情、天灾人祸等等，遇上这些大事情时，累积下来的财富，便只会不断减少而不会增加。

然而，假如你投资有道，那么将来便能有更丰厚的收入；而购买保险，在发生意外或突患重病，需要庞大的医药费时，也可不用担忧。人生无常，如能预先准备，即使遇上突发的挑战或意外，也会过得比较安心。

解梦，就是让你能投资在自己身上，你就是那只有无穷潜力的股票及最全面深入的保险。因为随着你更了解自己，更懂得解读潜意识，就更能趋吉避凶，即使必须面对，也像勇者斗恶龙一样，越战越勇，所累积下来的人生经验、转化及成长，与不懂得解梦的人必定不可同日而语。

## 为什么梦那么难被解读？

现代人都喜欢快速、即食，什么事都像吃止痛药一样，最好瞬间见效。然而解梦却和这恰恰相反。梦为何少人研究、难以被解读，荣格说得很到位："没有任何梦的象征可以跟做此梦的人分开，而且任何梦都没有固定直接的诠释。"

每个人的象征也不相同，没有字典可以查看梦的象征，甚至同一个梦也可能有许多不同的解释。那什么是对，什么是错？叫人无法掌握、无所适从。单就这一点，便已经令人却步了。

然而，其实只要我们将角度一转，不是由"我去诠释"，而是由"做梦者去诠释"，那需要的，只是一套发问的方法，那么所有看似极难的，都变得轻而易举了。

## 解梦者的心理素质及态度

有很多人将解梦者视为治疗师，但要成为治疗师，除了必须要接受过专业的心理辅导及治疗的培训外，还需要进行大量的指导及实习。而解梦者，更像一位陪伴者，带着耐心和善意去协助身边的朋友，将自身的难关和心结解开。而这位辅助者须有以下的心理素质：

- 完全接纳，因为梦是潜意识告诉当事人的话，是做梦者的内在世界，解梦者只是一个协助者，去帮助对方了解自己而已。
- 细心聆听，听到重点之处做出提问。
- 具有好奇心。

- 不批判、不武断、不强迫、不命令。
- 尊重。
- 拥有一颗善良的心。

## 解梦方法六步曲

这解梦方法六步曲,乃参考黄士钧先生的著作《你的梦,你的力量》及其《梦境智慧探寻卡》而来,再按个人经验微调。黄先生原本分为五步,我将其增加一步,变成六步。在我看过许许多多的相关著作后,发觉不少学者提出的解梦方法,都十分复杂难懂。然而黄士钧先生的方法便捷、清晰、有效,容易上手,我个人使用后,也觉得非常容易掌握。

### 第一步　让对方安心

很多人在初期学习做解梦者时,会觉得做梦者必须"有问必答"才能解通梦境。然而,即使是心理辅

## 六 | 解梦方法六步曲

导或治疗,我们也不会要求来访者将内心所有都和盘托出。必须尊重对方,假如尚未准备好表达,就可以先保留。

因为若对方不想回答,即使被迫回答了,也可能只是包装或撒谎。而对方若感到你咄咄逼人,又或和你说话无法感到心安,潜意识就会自动产生防御机制,甚至关上心门了。

因此,建议先向对方表达善意,并让对方安心,例如:

- 待会儿我会问一些关于你梦境的问题,你想到什么便说什么就行了。
- 解梦的过程中,你如果想到了什么,也欢迎和我分享。假如有些问题你觉得不舒服,也可以选择不回答。
- 过程中假如你想停下,不想继续下去,请尽管告诉我,我会尊重你的决定。
- 在过程中,你可以静静地去感受自己的内在,慢慢地把这些感觉说出来。

- 可否告诉我，你为什么想解这一个梦呢？

## 第二步　帮助对方弄清梦境

这部分很多人都会严重忽略。我在不同场合现场解梦时，大家总是以简洁得近乎字字珠玑的方式发问："经常做梦找不到厕所是什么意思？""常梦见故人。""有次做梦有交通意外。"

正如之前谈到象征意义时也有说过，同样的情节、不同的感受也会令整个梦境的解读不一样。而人们总是以很肤浅的方式表达梦境，却期待有深入清晰的解读，这岂不是强人所难？而且，人们表达时还有大量的失忆、情节零碎等状况，即使想解也是无能为力。在我的经历中，认真学习过解梦的同学，会懂得如何掌握及表达自己的梦境，几乎每次解梦都有不少收获。

因此，作为解梦者的第二步，亦是很重要的一步，就是尽可能帮助做梦者弄清梦境中的细节、情绪、反应等等。因为没有这些资料，梦境是几乎难以被有效解读的。

例如：

- 请尽可能描述所有细节与过程。
- 有谁在？他们的装扮及给你的感觉是什么？
- 你在这地方／场景有什么感觉？
- 当时……你是怎样想的？
- 当时……你有什么反应？
- 你醒来那一刻又是怎样的感觉？

## 第三步　聚焦于某部分

记得有次有同学表示：我上周和同学做练习，一个梦问了五个小时！他们真的是很有心、很投入的同学呢！然而，梦中虽然很多东西都有其含义，但过度追求细节其实又有点本末倒置。因为梦境是意象，意象是整体的氛围，我自己会比较注重某些重要的氛围和感觉，更甚于过度追问细节的象征意义。

在第三步，我们就是帮助做梦者聚焦于某些部分，这些部分可能特别怪异、特别深刻、特别有感觉。

例如：

- 梦里，有哪些东西是不合乎逻辑的？
- 梦中哪个场景你最好奇／有感觉？
- 闭上眼睛，重新回到那场景，有任何新的感觉或想法出现吗？
- 梦中那特别的人／东西，试记清楚，然后请想象你是那人／东西，有什么感觉？

## 第四步　联想

正如荣格所说，即使一个人来到火车站，只是抬头看看火车站的牌子，也可能牵动他对某些东西的回忆，而当我们仔细探究，这些回忆对当事人往往有着深远的意义。

例如：

- 刚才你说到那特别的地方，让你想到什么？

- 生活中,有什么是相似的感觉?
- 场景/地点/东西/人物,令你想到现实中的什么吗?
- 那人的特质/性格/态度,让你想到谁?

**第五步　发现与领悟**

很多人知道梦的意思后,便随随放下,这往往会错过了心理治疗中最重要阶段的"转化期"——"领悟"。人生是一场不停步的修炼,然而,更多的人因为没有学懂对自己真正有帮助的人生哲理,便依然如旧地继续那些令自己活得不好的想法和行为,就是因为欠缺"领悟"。正如辛晓琪多年前的老歌《领悟》:"那多么痛的领悟……"

"痛",未必令人改变;令人改变的,叫"领悟"。

例如:

- 你觉得这个梦想跟你说什么?
- 它给你的新领悟是?

- 它提醒你什么呢？
- 透过这个梦，你觉得你学习到了什么呢？

## 第六步　行动

人生要改变，除了领悟，另一件最重要的，就是行动。行动的重要性往往被忽略，而这一步，也是我大胆从已很完美的原理论中增添的一步。在我做心理治疗的经验中，很多人当领悟到或学到新的人生哲理后，却没有想过如何把握现在，去改变将来。

例如我有一位学生梦见自己被绑架了，上司把电话拿到她耳边，电话的另一边是一个超级麻烦的客人。她用温柔礼貌的语气和客人沟通，但心里想着："怎么我被绑架了还要应付麻烦客人啊！"然后上司向她胸口开了一枪，她感到温热的血一直在流淌。

这个梦很明显就是工作压力和与上司的关系影响到了她的情绪，在第五步时，她明白原来自己工作得很辛苦，也明白其实自己的工作态度不够成熟。上司向自己施压,他也有他的难处和情绪。很多人的领悟到这里便停止了,又或许顶多是"那么我心里觉得舒服了些"。然而,事情还是没有解决的。上司态度依然如故,老板依然施压。

而当我们邀请做梦者想想如何"行动"时,才会出现变化。能量,就仿佛由"停滞"转变成"前进"。

例如上述梦境的当事人,一想到"行动"时,就是辞职离开那工作。因为她知道自己对工作的热情正在流失,继续下去也不会快乐。

解梦者可问以下的问题,协助做梦者思考自己的行动。例如:

- 你明白这些之后,你觉得你会怎样做呢?
- 你会有些什么行动呢?
- 试想想,做些什么,会帮助你得到更好的结果?
- 当你抽身再看这个梦时,你觉得当事人应怎样做呢?

心理行动和身体力行。行动可分为心理行动和身体力行两类,很多人都止于心理行动"想过就当做过",但其实当心理转化后再加上身体力行,人生的转化才会更明显和有效。

心理行动就是心中的想法、感觉,例如:"我从此不会再委屈自己了。""我会多体谅妈妈的心情。"

这些心理上的转变,会随着梦境中的信息而出现,然而心理感觉就好像燃料,而身体力行的行动,就像是驾驶工具。

例句一:

心理行动:"我从此不会再委屈自己了。"

身体力行:"因此当别人再对我有过分的要求时,我会断然拒绝,如果情况适合,我会表达我内心的想法和感受。"

例句二:

心理行动:"我会多体谅妈妈的心情。"

身体力行:"我会减少和她顶嘴,多陪她。如果她有牢骚,我当耳边风就是了。因为我知道妈妈不过在释放她的情绪。假日的时候,我会多和她出外走走,去饮茶、爬山或旅行。"

虽然"不做"也是"行动"的一种,但引导当事人多思考自己能有怎样的行动,往往有益无害。当然,这些行动的大前提是要利人利己的。因为很多时候,"新的行动"往往处于当事人自我局限的框框之外,也是舒适圈之外,如果做得到,人生也会因此而走进新的一页。

## 解梦要由浅至入深

初学习解梦,先挑选一些场景简单的、不太长的梦来解,会比较容易掌握。太冗长的梦、支离破碎的梦、无法完整地记住的梦,其实都不适合拿来解读。当然,高手把碎片握在掌心,也能如福尔摩斯般拼凑出一个模样,但一般来说,若梦境是重要的,潜意识会让你记得住,所以解读零碎的梦的必要性未必很大。

# 七

# 记梦

也许你记得,也许你不记得。但假如你记得,你会发现,无论多么的不合常理,原来都是多么的合理。无论多么的与你无关,原来都与你息息相关。

因为,那是一个在你知道与不知道之间的你。

## 为什么有人觉得自己从来没有做过梦？

每一次开办梦境工作坊时，都会遇到有同学表示自己"从来没有做过梦"。我总是很好奇地问："那你干吗来上课？"

得到的答案形形色色，有些是因为觉得人人好像都会做梦，但自己"很少梦"，因此想多些了解。有些是想增进自己的治疗技术，因为作为治疗师常遇上客人谈及梦，自己却因对梦认识太少而不知如何应对；有些是想多一门赚钱的技能；有些则只是想做更多的梦。

但无论怎样，最有趣的竟是：每一位说自己没有梦的同学，一旦开始上梦班不久，便会做梦，而且记得梦，并从梦中有很大的收获。

潜意识就像是一扇永远准备为你打开的大门，只要你愿意打开你的心扉，它就会张开双手拥抱你。现在最流行的吸引力法则，其实对比较熟悉潜意识（因为潜意识世界实在太博大精深，我们尚有很多未知的地方，不敢说自己已很熟悉）的朋友来说，为何吸引力法则会产生作用？正是善用了自我催眠及激活潜意识的基本法则。

你有没有留意，当一个人恋爱时，看见什么都是一双一对的？当一个人陷入财务困境时，看见什么都是贵的？当一个人富裕时，看见什么都是便宜的（除了感情）？因为当一个人越对某些东西敏感（不论正负），便越能看见那些东西。而那些东西其实平时都在，只是人像瞎了眼睛似的看不见；有另一种说法，则是因为频率强烈，因此会把那些你在意的东西吸引到你附近或生命中。

梦，其实一直都在，只是以前没有去留意它、在乎它。一旦你开始谈及它、在意它、对它产生兴趣和感觉时，它便显现在你的生命中了；又或，你便能发现它的存在。即使，它其实一直都在。

既然如此，与其否认梦的强大力量，我宁愿选择去相信，而且深深相信。因为唯有这样，我才能真正看见、发现、拥有及使用它的这种力量。

而这一本书，也由此而生。

而正在读这本书的你，相信，也在看见，也渴望拥有梦的强大力量。

## 为何梦难以被记住？

"人在清醒状态下是理性的，然而，理性疲劳后就要休息，进入睡眠状态；人在睡眠状态下是感性的，就好像将禁锢水面的冰块撤掉一样，平静的水面就会荡漾起情绪的涟漪。梦就是这些情绪的反映，记得梦就记得情绪，第二天的理性思维就会被情绪干扰，因此，过度理性的人的潜意识就会采取记不住梦的策略，以便让自己的理智更清醒。"（王凤香《好梦对策：不

可忽略的健康解密》）

王凤香可说是把无法记住梦的情况，一矢中的地说了出来。梦境中最重要的成分是情绪、感觉，正如之前的章节提到，若空有场景而没有感觉（麻木也是一种感觉，这里指的是什么感觉也没有），是无法解读梦境的。

荣格也曾表示：做梦者为何总是忽视，甚至否认他们梦里的信息？要理解这一点并不难，意识本身就会抗拒所有潜意识与未知的事情。例如人们总是对未知的事情感到恐惧，害怕去新的地方，对无法掌握的将来感到抗拒或忌惮等。因此有更多的人，做了梦却忘了，或因不在乎而记不住梦（因为连要记住的打算也没有）。

过度理性的人会压抑自己的情绪，同时内心抗拒受情绪影响的人，也会难以记住梦。此外，我也发现很少接触或不敢接触自己内心世界的人，以及不能或还未学会表达自己内心感受的人，都会说自己"较少

## 七 | 记　梦

做梦"；接纳自己有情绪及情感的人，较难进入催眠状态，却会较多梦；那些既少接触自己的内心世界，也不太感性，甚至对自己和别人均没有很大感觉的人，则既难以进入催眠状态，同时也很少记住梦，然而这类人的数量并不多。

因此在进行心理治疗时，若对方难以进入催眠状态，我便会以解梦为主。若两样都较少，便会由身体的不适入手；若无法进入潜意识，便用其他不同的方法，把潜意识的信息"勾出来"。当然，其实来访者坐在面前时，处理方法不一而足，实际情况往往预计不到，因而虽然似乎有套路，但一上场时就该把理论都忘掉。

慢慢地，随着来访者对自己的感觉有较明显的好转及接纳后，梦境便会出现，催眠也能进行了。我遇过最可爱的情况，往往是来访者前来说："我做了一个梦，梦告诉我，一定要记得告诉你这个梦。"这是心理治疗期间，来访者的潜意识自发性与我的互动，因为潜意识知道我能解读及治疗，就自然会将重要信息释出。

而其实大部分人，经过一定程度的训练，也能好好把梦记住。只要学会以下的方法，多加练习，你便也能够好好做梦了。

## 如何把梦记住？

### 第一步　重视你的梦

有不少朋友说："我很少做梦的，就算有梦都记不住，怎么办？"我观察到一个很有趣的现象：解梦班的同学，有少数均表示"从来没有做梦"或"很少做梦"，然而当上过几堂课后，却一定会听到他兴奋地说："老师，我做梦了！"

当中其实并不需要任何自我催眠、特别想象或做些额外的东西，原理非常简单，只要在意了，便会做梦。因为潜意识就是会自动调整，有没有留意到，若

## 七 | 记 梦

你某天读了篇文章,说重复的数字是天使数字,那么不久之后你便会总是常看见1111、2222、3333等?当你想报某个课程时,便会发现相关的资料?当你在热恋中时,看见的东西都是双双对对的;当你失恋时,看见的东西都是形单影只的?

正如吸引力法则所言,我们是被自己的思想所影响着,而在吸引生命中的人、事、物,其实这都和潜意识有莫大关系。当我们开始在意一件事、一个人或一样东西,尤其是当你的脑子里总是想着它时,你就会特别容易看见它的存在。例如你未喜欢一个女孩前,她在你身边走过也未必会留意,但当你爱上这个女孩时,她所有社交媒体上发布的消息或帖子,无论多么的无聊平淡,你都能全部看见;即使她坐在最隐秘的角落,你也能够一眼就发现她。

同理,同学上课以前不在意梦,上课后在意了,而且变得对梦更好奇和感兴趣了,于是便会开始想做梦,然后做梦,而且能够记住了。

## 第二步　睡前指令

上床前可想着今晚睡觉会做梦（酝酿做梦的氛围），上床后先做几分钟正念静心，然后想着："今晚我会做梦，而且睡醒后能清晰记得梦境。"把这句话用心念不少于三十次。

有些朋友会偷懒，只念一两次。老实说，要打动女孩芳心，少说都要一〇一次求婚；你想打动自己潜意识的"芳心"，也给点诚意好不好？

有些朋友需要数天或数周才能启动，耐心每天晚上重复做便可。精诚所至，金石为开，用心继续做，潜意识便会向你敞开梦境的大门了。

## 第三步　睡醒不要动

当梦醒之后，谨记维持着原本的睡姿，一根手指头也不要动。因为当身体一动，脑袋、意识便会开始清醒，而潜意识则会消退，这亦是醒后往往无法记住梦境的原因。

## 第四步　联想

正如荣格所说,即使一个人来到火车站,只是抬头看看火车站的牌子,也可能牵动到他回想某些东西,而当我们仔细探究,这些回忆对当事人往往有着深远的意义。

例如:

- 刚才你说到那特别的地方,让你想到什么?
- 生活中,有什么是相似的感觉?
- 场景/地点/东西/人物,令你想到现实中的什么吗?
- 那人的特质/性格/态度,让你想到谁?

## 第五步　记下梦境

这是很重要的,因为很多人往往就是没有做这一步而让梦境白白流失。记得将梦的内容重复地、完整地回忆一至两次,直至完全记住。不然梦境的细节很容易流失。

喜欢用纸笔的朋友,可预先在床头准备纸和笔,当记住了梦境后,便立即拿起纸笔将梦的关键字记下来,例如楼梯、男人、没有表情、倒下、女人、人工呼吸、我叫救护车等。

喜欢录音的朋友,简单,拿起录音笔或手机,录下自己对整个梦境细节的复述。

我曾试过用纸笔,但后来发现(主要是在来访者身上,自己是察觉不到的)人的记忆有时会出现偏差,即使以为记住了、记得很清楚,但往往一听录音,才蓦然发现细节上会有差别,而且某些客人记错的程度,更是颇离谱的。因此我现在多建议人们录音,我自己也是,不要太自以为是,也不要太相信自己的记忆,更何况梦境有时颠三倒四,分不清场景人物的次序,也是常事。而对梦的记录越精准,对潜意识所想表达的意思,才越容易去解读和掌握。

# 八

## 什么梦最值得去解读?

荣格:"我相信,梦本身表达了特别是潜意识想说的东西。"(出自《人及其象征:荣格思想精华》)

# 大梦、中梦、小梦

## 小梦

若明白什么是个人潜意识,就大概能够理解,小梦是依着个人潜意识而生的梦境。其内容多与个人经验有关,当中可能包括生活中一些琐碎的事,例如工作、人际关系等,带着一些短暂的心情。梦的场景一般较短,记忆也较浅薄,在做梦后往往很短时间便会忘记。例如我们日间和亲人到茶楼饮茶,梦中可能会闪过这片段,然后跳到另一场景,自己在另一个地方与朋友登山等等。梦境的内容不一定全部都和日常生活一模一样,更多的状况下是交杂着很多不同的状况,场景跳换也很常见。

很多人会忽略小梦。虽然小梦相比起那些印象深刻或奇怪的梦,令人感觉平凡,我们往往先去解读其他明显较为重要的梦,然而若能记住它、解出来,也不时会有一些令人惊讶的发现。正如荣格所说,梦所表达、所选择的必有其意味。

## 中梦

中梦,是个人的大梦,内容仍多与个人经验有关,然而却有深远的意味。这些梦可能重复出现,令人印象深刻、难以忘怀,其蕴含的信息往往对个人有重要影响。中梦多在人生的关口出现,仿佛在提示当事人一些重要的信息,同时也有助于当事人的转化。中梦的内容可能包括预知、警告或提示方向等。

创伤也是中梦常见的一种题材,例如某人现实的困局来自什么创伤,梦境往往会化身成不同的模样以呈现。

诸神看我做手术 ‖ 某次我开办工作坊,分享了一个在捷克受伤期间做的梦。梦中我睡在床上,诸神在床尾看着我,那些神祇之中,有佛教的,有印度教

## 八 | 什么梦最值得去解读?

的,还有长着红须绿眼的智者,更有像耶稣一样的男人。这男人走到床边,打开我的胸口,拿出了一颗蛋形的东西,黑色的。他细心且温柔地,带着慈爱把那黑色的蛋衣撕掉,露出雪白透着亮光的蛋,然后把它放回我的胸口……

这一个梦,所呈现的是我生命的一种转化。梦是象征意义,因为我并没有过度迷恋于"所谓众神的旁观者"及"耶稣",而是将其视为潜意识所告诉我的信息:"我往后的人生,心中的黑暗与痛苦已褪去,多了一分明亮、洁白与灵性。"

我没有很将这梦放在心上,然而,每次教梦班回想自己的梦时,总是会浮现。

十一年后,第一次公开分享此梦,在工作坊完结后收到其中一位同学的私信,表示令她想起《圣经》中的一段文字:

"我也要赐给你们一个新心,将新灵放在你们里面。又从你们的肉体中除掉石心,赐给你们肉心。"

(《圣经·和合本》,以西结书36:26)

心理学大师荣格说过,梦能联结人类的集体潜意识与原型,因此梦中总带着神话的色彩。懂我的人都知道我不读《圣经》,即使中学时代就读基督教学校,但圣经这科目总是满满的红色不合格。而我,也从没读过上述这一段。

梦的神话意味,对应我的人生,就如这段《圣经》箴言,我仿佛拥有了一个新的心及新的灵魂。

这个梦,对我来说就是个人的中梦。当中包含了神话、诸神、灵性,当初我也当然对这梦完全摸不着头脑,至现在回想,才恍然大悟。

## 大梦

荣格曾表示,梦与人类及地球古往今来的集体潜意识联结,因此人很有可能会梦见一些自己从没见过的图腾、故事、神话等,而这些称为"大梦"的讯息,极其珍贵。

## 八 | 什么梦最值得去解读？

大梦来自集体潜意识，说的多是民族与世界大事。例如美国"911"袭击事件之前两周，一名女子和丈夫正在首都华盛顿，丈夫在开车，她在车上睡着了，梦见五角大楼上冒出浓浓的黑烟。两个星期后，飞机撞入五角大楼造成184人死亡，而那浓浓的黑烟，就正和她梦见的一样。

拉里·多西（Larry Dossey, M. D.）的著作《当预感来敲门》（*The Power of Premonitions*）便叙述了许多类似的预知梦及事件，当中包括在"911"事件前有母亲梦见飞机撞向建筑物，于是乎取消了一家人去迪士尼的计划，因而逃过大难。书中亦提及，人往往都有预知能力，而发生大灾难的列车或航班，其乘客的人数往往比较少，仿佛有些人预感不测而避过这些航班似的。例如一间教堂大爆炸那天，是第一次有十多人没有去教堂练习大合唱；"911"出事的四班飞机中，平均入座率只有21%。历史著名的泰坦尼克号邮轮沉没事件中，便有50名乘客临时取消了座位。在意外中罹难的亨利·魏尔德（Henry Wilde）在船上曾写过一封信给妹妹，这封信在爱尔兰的停泊站寄出，当中他说："我不喜欢这船，它给我一种奇怪的感觉。"而一名只有七岁的幸存者，女孩夏娃·哈特（Eva Hart）则表示，她的妈妈每晚都因为担心会有船难而坐着不肯睡。

人类的潜意识本来就拥有预知能力，有时我们会有一些预感，对某些事件感知不祥，因而避退；而有时这种预兆会透过梦境而来。在2021年的1月和2月，我有不少学生均梦见枪杀的场景。而在同年3月，柬埔寨军方在阅兵日于40多个城镇开枪镇压示威者，约100人死亡。

大梦多出现在世界、国家、民族的关键时期、也许是世界的转化点，当中会有许多令人迷惑和疑惑之处，因为和个人生活、情绪、情感或经验未必有关，故此往往难以解读。亦有不少会包含神话、图腾、历史故事等与个人经历无关，但与集体潜意识有关的象征物。

当大梦出现时,我们通常会感到很疑惑,然而还是那句,记下来吧,只是现在还不知道它在跟你说什么而已。

## 印象深刻的梦

有些梦醒来,即使内容看似没有什么特别,却总印象深刻。我试过很多次帮助有这种梦的朋友解梦,即使表面上多么的不外如是,但解通后往往发现梦在表达着很重要的信息。例如,我有一位女性来访者,对绘画有很高的天赋,出身于基督教家庭,父母都是极虔诚的基督徒,她小时候会随父母亲去教会,和教会的人打交道。她长大后到外国留学,虽减少了接触基督教,但也没有什么机会和缘分接触其他宗教。有次她做了一个梦,梦中的父亲在画画,一开始是两幅她小时候未画完的画,父亲表示要把它们画完,然后看见四周有很多父亲已画完的画,怎知画的都是喇嘛。这点就很有趣了,因为中国文化,包括香港文化接触比较多的是和尚,例如电视中常见的少林寺僧侣等,多穿灰衣僧服。然而她梦中的都是红衣僧人,似乎比较接近藏传佛教的喇嘛。

这是她生命中第一次梦见喇嘛。而在那段日子,甚至于她的前半生,都几乎没怎么接触过藏传佛教。

这个"梦见父亲画喇嘛"的梦,对一个基督教家庭长大的女生来说,就是一个印象深刻的梦。这个梦所包含的信息非常深远,对于女孩的将来及事业的发展,产生了很多不寻常的影响。

而因为这个梦,那天起她开始接触不同的身心灵信息,以往她未能深入理解的、无法好好触碰的、一谈到便无意识地避开的话题,都能很好地领悟了,仿佛开了窍一样。在这之前,她的画作虽然色彩鲜明丰富,却总有些部分像未画完似的,例如人物总是没有眼睛、没有表情,像没有灵魂。但那时开始,她的画作令人终于感觉到有点儿灵魂了。

正如荣格所说,潜意识所呈现出来的东西,都有

## 八 | 什么梦最值得去解读？

它的意味。简单来说，潜意识不做没用的事。正如我们的人生中，那些念念不忘的事，那些念念不忘的情，那些念念不忘的人，总是在我们的心里留下了一些东西。也许我们并没有觉察到，原来某些人、事、物在潜意识中仍影响着自己，若能解开谜团，我们就会有极大的成长。当我们真的放下了、释怀了，才会真的不在乎，才会真的记不起。因为那些人、事、物，对我们往后的人生，已经不再产生多少意义。

因此我总是说，那些所谓的"灵性清理"，其实根本没有清理到些什么。最烦的，是令人以为清理了，但其实把很多东西弄得一塌糊涂。别说"业"是几乎不可能被清理的，因为那关乎许多因果；即使真的清理了，你根本连去清理过这件事，也应该记不起。这一点，就是无法真正被清理的证据。

梦境也一样，假如有些梦，你总是念念不忘，那么去解开它们吧，你可能会发现，原来有些你以为不在乎的东西，仍然在你心中呢。当心结一旦解开了，心中的烙印抹掉了,它便会变得很淡很淡,近乎遗忘。某天,云淡风轻,你和一班好友围在火炉边,呷着热茶,大家笑谈往事,你忽然"噢"地想起了它,方记起,原来生命中,曾经有过那么一段往事。你把它当个笑话说了出来,然后放下茶杯时,这件事又再次在脑海中烟消云散了。

## 重复的梦

重复发生的梦,就像上天重复在你耳边说话,提醒你要小心或注意些什么,但你仍作没有听见一样。这一类型的梦往往是特别重要的。荣格曾说,重复的梦通常是想补偿做梦者人生态度的某种缺憾,或者来自被某些成见所蒙蔽的重大创伤,也可能预示着重大未来事件。而重复的梦也可分为重复主题、重复场景、重复信息这几种。

## 八 | 什么梦最值得去解读?

**重复主题的梦**

重复主题的梦不一定所有细节都是一样的,场景或内容可能会有不同,然而主题及感觉都很相近,例如重复的考试梦,梦中有时去到考场发觉去错地方,有时忘了带笔,有时忘了温书等,自己都是焦急和不知所措的。

**重复场景的梦**

重复场景的梦例如经常在某个地方做某件事,片段往往比较短促,这些片段亦可能在不同主题的梦中出现。例如有位女士常梦见自己在楼梯上上下下,就是代表了她内心不知道该去往何方,想去这儿,又想去那儿,但其实不过在原地徘徊。直至她做出人生一个重大的决定,辞职当全职义工后,便再没有梦见这重复的场景了。

**重复信息的梦**

重复信息的梦,就是梦拥有不同的场景内容,但都表达着很相似的信息。例如有位女士梦到迷路、上船、和别人去某些地方、遇见危险等，但最后总是会找到出路、被拯救或找到正确的方向等。

## 连续故事的梦

连续故事的梦，多数在同一个晚上连续发生，例如做梦时忽然醒了，再睡着后便接着上一个梦的情节继续，像连续剧有下集似的。

也有朋友表示，因为梦见了一个很帅的男生在向她表白，怎知却醒来了，她不断告诉自己要接着做刚才的梦，睡着后竟真的继续做了下去。

比较少出现的是隔了一段时间才出现的连续梦。我有一个学生就做过这样的梦，梦中她认识了一位王子，然后二人谈恋爱，到谈婚论嫁，再到见其父母，四个梦于不同时间出现。

连续梦有一个特点，就是往往会有明显的剧情推进。有些人认为连续梦代表了心理变化及成长的过程，而我觉得当中也代表了无法被一个梦满足的渴望，因此需要让梦延续下去，令其可以变得更圆满。

## 同夜的梦

同夜的梦在我阅读过的资料中，极少被人提及。由于我收集梦境的数量不少，而且前来咨询的来访者之中有些也特别多梦，他们往往被训练出记梦的习惯，故此一夜多梦的情况很常见。我发现一个很特别的现象：同一夜做的梦，很多时候都是有关联的。

当然，同夜的梦不一定每个都有特别的关系，但"以不同角度说着同一件事"的情况，的确很明显。举例来说，以下是我一位女性来访者同一个晚上所做的梦：

- 梦一：我和前男友去到某大楼，我把电话及一样重要的东西遗留在车中，于是回去取，我忘了车停在哪里，却不想问他。结果我在四周转了很久也没找到。

- 梦二：公司新聘请了一个好漂亮的女孩，我跟同事说她很美，同事却说我有问题，要去接受心理辅导，因为我只看别人的外表。
- 梦三：朋友问我为何还喜欢前男友，他对我不好。我说他其实有时也是好的。朋友不停问我他有什么地方好，我说我有事要先走了。

从这三个梦中，相信大家也看到这个女孩仍对前男友未能放下，然而二人之间沟通出现问题，女孩其实喜欢的是前男友的外表而不是内涵，因为别人都能看得出，她的前男友对她不好，女孩却逃避而不想面对。

老实说，要从同夜多变的梦中，找出这些相关的脉络，有时并不容易，因此我无法肯定同夜的梦必定相关，然而很多时候只要细心观察，却均有迹可寻。有时甚至这些脉络都只是支线，而不是个别梦的主题。例如第一个梦中，女孩其实很多场景都是在走来走去找那辆车（只是我为了让大家容易理解，把这些部分删去了，不然要写上洋洋万字），因此解梦时，若以单一的梦来看，就会将角度放在女孩的"失魂""粗心大意"等上面，而忽略了"我忘了车泊在哪里，但不想问他（男友）"这个比较重要的心理状态。

## 噩梦

有很多朋友都很怕做噩梦。但在我眼中，噩梦，其实比很多其他的梦都更为有用。正如第三章说过，梦境会用夸张的手法去吸引做梦者注意，而噩梦无论在情节、情绪及反应上，都颇强烈，有时也很夸张，可见潜意识在强烈地告诉你一些信息。而这些信息，又往往是具警告性的。例如有一个学生，他经常做梦梦见与人争执、出口伤人，然后自己便会出意外。他问我这是不是报应及预知梦，我反问他：你有没有觉得，每次当你和别人争执后，结果受伤的都是自己呢？

他表示的确如此。因此这个梦,以意外作为受伤的象征意义,在温柔地提示这位朋友:"别再出口伤人了,因为终归受伤的都是你自己啊!"

因此,噩梦之所以是噩梦,只是由于做梦者尚未解通梦的信息,然而,当明白了之后,才发现原来噩梦不过是一个表面严厉但内心温柔的老师罢了。

## 梦中梦

> 难道我们所看到、所感受的一切,
> 不过是一场梦中之梦?
>
> (埃德加·爱伦·坡《梦中梦》)

有没有试过在一个梦中醒来,发觉原来自己仍然在梦中?就像电影《盗梦空间》,男主人公柯布进入一个人的多重梦境之中。我生命之中,最多的梦中梦是三重清明梦,梦中一直睡在床上。而大部分的梦中梦

## 八 | 什么梦最值得去解读？

都有一个特点，就是做梦者在第一个场景的影像比较丰富，其后每次发现自己做梦醒来，又做梦又醒来的场景中，多处于某个特定的地方，一个会较易睡着或醒来的地方，例如床或浴缸等等，而在梦中梦醒来的时候多数是没有移动的。因此可以假设，一个人在做梦中梦时，潜意识多会让"醒来的梦"中的身体处于一种很少动作的状态。

而梦中梦的信息比较特别，有时给我的感觉是，潜意识在较深层的地方呈现梦境，因此醒来的过程要一重一重地进行，就像海上的波浪一样，一波一波地把人安全地带回意识清醒的状态。而为什么梦境要在潜意识较深的地方去处理或表达这些事情，如果能解开的话会是很特别且重要的信息。

### 三重清明梦中梦

多年前我还在学习催眠的时候，曾做过一次三重清明梦，印象极深刻。我记得自己进入了很深的潜意识，有时候我们进入潜意识时，无论是催眠还是梦境，不同的深度、维度，都有不一样的感觉，就像潜水的深度不同，水压也会不同。在那最深的梦中，催眠大师米尔顿·艾瑞克森在课室内（只有我一个学生）跟我讲述催眠的精髓及奥秘，梦中的我明白了，但梦醒时却无法记起，只知道那是当时的我意识清醒时无法理解的奥妙。然后再次醒来，发现自己躺在床上，听见隔壁电视开着的声音，还有些小孩在街上玩耍的声音，我忽然觉得奇怪，平时我的卧室是不可能听见隔壁的电视声的啊。于是，我又一次从梦中醒来，睁开眼，看见门上的挂钩，听见街上孩子的玩耍声，我又想，不是啊，我的房间平时连孩子的玩耍声也听不到的。终于，我再次醒来，这次真的醒来了。

醒来时头和身体均极沉重，感觉到刚才米尔顿·艾瑞克森在课室中教学的一幕原来在潜意识很深的地方，甚至有种感觉，那属于另一个维度。其实我深信，因为这个梦，我仿佛学懂了催眠治疗的奥妙和精髓，在替来访者做催眠治疗时才那么得心应手，也造就了现在我与别人不同的心理治疗方向。

## 清明梦中梦的重要性

之前说过，当人处于意识转换状态时，由于未进入深层睡眠，人仍保留了一定的意识，又或渐渐从深层睡眠中过渡至浅层睡眠，即使在梦中开始出现意识，都是在较浅层的意识状态。而梦中梦则不同，在我自身的经验中，它往往比一般睡眠进入的潜意识更深，由于太深，故此需要透过一波又一波的场景变化，像是从海底深处随着水流，一波又一波地浮上水面般，才能安全离开，回到该回的现实世界。这也能解释，当人们在做梦中梦时，往往很难醒过来。

因此在多重的清明梦中，往往越接近清醒的几重梦，都是重复而又有细微差异的、简单而较少动作的场景。只有某个场景（往往是最深那层梦）有较丰富的情节，而这亦是潜意识透过多重梦向我们传达的某种特殊信息。可惜至今我尚未见过关于做梦中梦时的脑波研究，而谈及多重梦境的资料亦甚少，不然会有更广阔的认知。

## 有气味的梦

回想一下，你在梦中曾经嗅到过气味吗？1896年，威德及哈林（Weed & Hallam）在其研究中表示，梦中有视觉体验的频率最高，听觉其次，触觉、嗅觉和味觉体验的出现频率则极低。正如当我们闭上眼睛时，能想象出一个奇异果的形状，但要去想象它的气味、味道或触碰的感觉，则相对比较困难。

我们的大脑皮层，即大脑中主要的认知和感知部位，就是我们处理信息及产生图像的地方，有三分之二都与视觉及听觉有关联。而听觉又与语言有密切关系，语言的处理也是在大脑皮层中完成的。因此梦中出现的影像及声音，会令我们能够感知及认知到某些信息。

在梦中，虽然比较少，但我们也能梦到亲吻时唇上的触感、吃东西时的味道等，而往往出现触感时，梦的感觉会特别真实。最特别的是气味，在梦中嗅到气味，可说极少。这可能由于嗅觉是五感中唯一一个传递信息时不会经过视丘（thalamus）的感官。

嗅觉是"原始"的，它直接和我们的感觉及记忆连在一起，当我们嗅到气味时，周遭的气体会透过鼻腔直接刺激到我们的记忆和情感系统，让我们直接收到信息。相反，视觉、听觉、触觉、味觉等信息却会先传到视丘，再传到大脑皮层，然后让大脑去处理，然后我们才能认知到某种意义。因此嗅觉和想象、联想等的关系也相对较弱，也因此，出现在梦中的频率可说极低。

甚至有科学家曾表示，嗅觉在梦中其实是几乎不可能出现的。唯一的可能性就是睡眠者的实时环境中有气味,才能刺激到他在梦中嗅到气味。

有位朋友就曾做过一个梦,梦到她在一个有很多很多鸡的地方,而鸡肉的气味很强烈。她惊醒,发觉空气中果然有鸡味,才记起原来那天晚饭煲了鸡汤,那气味仍弥漫在居所之中。

我自己则曾做过一个梦:梦中我躺在床上,妈妈在床尾一个劲儿地拉我的左脚踝,说要带我去相亲,我感到很害怕,而突然观音菩萨出现,我因害怕,失控地想把她踢走(怕去相亲而不是怕观音菩萨,哈哈),突然很搞笑地想:"咦?用脚踢走菩萨是不是有点大不敬呢?"我清楚记得在我心里正疑惑"不过那真的是观音菩萨吗"的时候,突然空气中传来一种"不是人间的檀香气"。这种气味,让我觉察到自己在做梦,因为我分辨得出:"这……不是梦中的气味,而是现实世界中传来的气味。"当时的感觉,就像你在梦中听见房间外母亲在打电话一样,声音来自真实世界,而梦仍是梦。

是的,做那个梦时,我真的嗅到四周有一种"不是人间的檀香气",但我家是没有檀香的,而那种香味也不是燃烧出来的檀香,就只是一种奇香。而且我很清楚,这种香气我从来没有嗅过。嗅觉只能刺激我们的回忆,我们几乎不可能想象出没有嗅过的气味。

因此,气味的出现,在梦中特别奇妙。它可能受环境影响(也有可能是嗅到一些醒着时嗅不到的气味,然而潜意识却知道它存在),也可能嗅到了不是人间的香气,又或潜意识想告诉你某些强烈的信息。

## 重读以前的梦

记梦很重要,因为很多时候有些梦我们无法解读,但日后重读时,往往会有恍然大悟的感觉,原来梦境是要告诉我这件事啊!原来梦是在透过某种形式和我们沟通啊!不只学会了新的"解梦技巧",其实也是更好地掌握了和梦之间的表达语言,对个人成长和日后的人生会有极大帮助。

## 解梦有害吗？

解梦未必有害，有害的是解错梦、过度解梦，或说错了话。梦境由潜意识引发、释放及启动，因此当我们去解梦的时候，往往说到某些重点时，做梦者会忽然感到内心触动而哭出来，或突然记起某些前尘往事，而他们哭或记起的原因，可能知道也可能不知道。这是由于深层潜意识被触动了，感觉到了共振。假如此时我们能顺水推舟，为做梦者解开心结，往往会达到一种意想不到的疗效。然而，也由于触动到深处的重要部分，此时的做梦者也较容易受伤，若错误加强其负面感觉，做梦者的创伤也有可能会更深。

解梦虽然好处甚多，然而，也有例外。

荣格曾说过，有些人的心态极不平衡，以致诠释他们的梦可能变得极端危险。

荣格认为，由于有些人某些过度强烈的执念，已从一种非理性及疯狂的潜意识中分裂出来，若不是经过极度小心谨慎的处理，则不该让其意识和潜意识联结。举例来说，假如某人内心出现极度的怨恨，重复地想伤害某些人或做出严重的报复性行为，但由于潜意识机制，让这些意识的念头和潜意识的欲望分裂，压抑着想伤害别人的情绪。这时一旦不小心，在没有任何治疗或让仇恨的情绪缓和、转化的情况下，让这些强烈的情绪回到意识，那么就可能发生难以控制的状况。

# 九

## 梦的表达方式

说到底,它也不过是你的灵魂而已。也许它化成万千种角色,其实都还带着你的影子。

## 化身

有个学生表示梦中见到男友,很爱操控,也蛮不讲理,做梦者想反对也不敢反对。学生说真实世界中的男友是个很温柔的人,和梦中的完全不一样。当时我问她,你现实生活中,有没有谁的个性和梦中的"男子"是很相似的呢?学生想也不想就回答:"有,我父亲。"

之前说过,梦境会用不同方法来引起做梦者的注意,而"化身"就是很常见的一种表达形式。简单来说,梦中见到的人,和现实生活中的本人无关,反而和另一人有关。

在这个梦中,男友和父亲都是女孩生命中最亲的男人,因此梦以其男友的容貌,来表达她内心对父亲的感觉。

这可说是弗洛伊德所说的"伪装",但也可说不是。我比较喜欢用"化身"二字。在我个人的观点看来,用"伪装"这二字,背后有种狡猾与刻意欺诈的意味,然而潜意识的善意比恶意更明显和强烈。正如菩萨"化身"成某某在凡间度化世人,在我看潜意识时,常常会有颇相似的感受。

化身的好处是,让我们可以离开"当局者迷"的角度看事情。平时女孩在父权的压力与教育下,压抑了对父亲的情绪及感觉,但梦中他以男友的角色出现时(男友平时很温柔),便会出现一种特别的反差,女孩醒来后会印象特别深刻。而这种印象深刻的效果,有助于提醒女孩,对于梦中出现的情绪应更加在意。当然,最理想的是去处理内心的情绪、郁结和创伤、爱与痛的矛盾,但即使没有立刻主动去处理和父亲的关系,女孩在日常生活中,也由于比之前更在意梦中的某些感觉,而会不自觉地做出一些调适行为,例如和父亲减少冲突、多些沟通,或尝试了解父亲强烈情

九 | 梦的表达方式

绪背后的原因等。而往往这些调适行为，当事人自己是未必能意识到的。

## 混合

和化身不同，混合是不同元素混在同一样东西或人物中，往往是为了突出某些信息。例如你去到一个地方，这地方有一座日本神社的鸟居，走进去却发现里面放的是佛像，你手中拿着的竟是一个十字架，眼前出现了像是观音菩萨又像是圣母玛利亚的女子在敲木鱼念经。这场景虽混乱，但其中都包含着同一种元素：这是一间寺庙，也是一个神圣及祷告的地方。

有时混合的情况会在不同人物身上出现，例如梦境中你先遇见有人打劫巴士，然后又看见有人恐吓别人，然后又再遇上有人拿枪进入酒店，这些不同的人都有一个共同点：都是有暴力行为的坏人。

有时混合的情况会是一种信息，例如梦中你拿着行李箱来到某处，然后在船上遇见一个人，他跟你说要离开了，接着是在机场候机室中坐着，这些不同的场景，都仿佛在告诉你：要离开了。

## 夸张

在说象征意义的时候，我们也曾说过夸张的修辞手法。而在梦境中，夸张是经常发生的，例如梦见一只猫，它的耳朵非常巨大，大得像鸟儿的双翼，就像《小飞象》一样。因为夸张了，所以醒来的时候，即使很多片段都已随着清醒而流失，但对那双大耳朵却依然印象深刻，而这也就是梦境的某些重点所在。

例如我的一个学生，她梦见已过世的父亲在地铁车站等她，但她在月台对面遥望父亲，父亲竟然是一个非常巨大的、用气球扭成的可爱公仔。梦中月台和车站都是正常的，唯一不同的是父亲，因为一个人竟然变成了一个大公仔。这种变形与夸张的状态，仿佛在告诉当事人,即使和父亲分隔很远,但父亲希望她开心的心意是巨大而清晰的。而我相信,在学生的童年回忆中,应不难找到父爱的踪迹。

## 言简意赅(被省略掉的影像)

梦中的场景经常会出现突然跳换的状况,例如先是一班人在排队等船,然后便已在目的地的某饭店吃着晚饭,这些场景的跳换就像电影一样,让情节快速前进而又让人明白情节的发展,因此很多时候我们解梦可以直接忽略例如船上的旅程等等,因为这些情节对理解梦的表达内容没有大的作用。

有些学生反而会来过问那些被梦忽略掉的场景,而在我自身的观察中,梦境跳过那些场景总有它的原因,其实可以不用特别理会,也不必过度诠释。除非,那跳过的场景在梦中有特殊意义,则另当别论。

例如我做过一个梦,梦中拿着一把修眉毛用的剃刀，正小心翼翼地刮走眉上的杂毛。一不小心，我刮掉了眉的一角，心想："啊！失手刮错了！"但感觉总是怪怪的。一眨眼，整条眉毛不见了，当中并没有场景的转换，我仍站在浴室的镜子前，手中仍拿着剃刀，但眉毛消失的过程却像电影播放途中跳了几格菲林一样。

梦中的我没有再追究，也没有不开心，心想韩国女星的眉毛那么漂亮，都不过是用眉笔画上去的，那么我不如也用眉笔补画这条眉毛，或许也会很好看吧。

这梦醒来时，我突然记起前两天晚上，我做了另一个被剃掉眉毛的梦。我被一班人欺负，她们把我弄晕了，剃掉了我的眉毛。我醒来发恶，质问肇事者之一，她呈现出害怕的模样。梦境透露的信息是：因为她们和我不熟，以为我是软弱无能的人，兼看不惯我和一些能人相熟，心生妒忌。

基于梦呈现的信息，我告诉自己，应好好和别人相处，多培养感情，让别人认清我的能力和本质，树立权威。因为梦中的人们，善妒又欺善怕恶。

我以为我已处理好了这个梦。怎知过了两天，梦中拿着剃刀的，是我自己，不自控地刮错了一点，眉毛就消失了。这场景的突然跳过，令我甚为疑惑。梦仿佛在告诉我，就算我如何小心翼翼，结果可能还是无法改变，即使我和别人好好相处，有可能改写别人剃我眉毛的结局，但也有可能拿着剃刀的人其实是我自己。

而出错的那一个动作，是一个无意识的，且我当时无法觉察及控制的动作。

眉毛是不是我剃掉，其实不是最重要的。最重要的，反而是如何处理的心态。也许，要发生的，终会发生。然而，就算发生了也没关系，眉毛消失了，就替自己漂漂亮亮地画上一条新的眉毛吧。

## 不完整的人、事、物

有时我们会在梦中看见人、事、物的某部分，例如梦见在百货公司中购物,看见一双手在包装一只戒指,我们便知道"有人在买戒指"。即使不用看见整个人,也明白情节是什么。而戒指,对于情人来说有特殊的意义,梦境仿佛在告诉做梦者:"留意这场景及当中的意义。"当我们解梦时,也会事半功倍。

## 因果关系

在梦中很常见的是因果关系。例如上一个戒指的场景后,跳换到的场景是自己独自躺在床上,身穿礼服,然而却觉得孤单和不开心,在怀疑自己这样对不对。那么我们可以理解,其实做梦的这位男士想和某女士结婚,但其实内心并不清楚这是否适合,甚至从他感到孤单和不开心的情绪可知,他在这段关系中并不是真的感到快乐和幸福,亦能预见他的婚姻未必会幸福快乐。

九 | 梦的表达方式

## 梦中的别人其实也是自己

我们梦中大部分的情况都会牵涉不同的人,由于梦境很大程度是来告诉人们一些信息的,因此梦中的情节,人、事、物的出现,就像一部电影的场景,即使是一件小道具,它的存在也必定有其目的和原因。

有些同学可能会疑惑,那么我梦见的每一个别人,是否都是我自己?我会说是,但也不是。准确一点说,是通过那人来呈现一些你自己的部分。

有个女孩梦见和朋友聊天,朋友跟她说起女孩前男友的近况,但女孩心里想着:"我不想听。"

在这个例子中,朋友跟女孩说起她前男友,可见女孩心底里还是在乎前男友的,然而她理性地觉得不该再想念他了,甚至她其实知道要放下他了,因此不去知道会更好,故此"不想听"。我们可见女孩的朋友所发出的问题,以及女孩的反应,是女孩分手后多次出现的心理过程。而此刻不过是梦境借另一人的角色,来呈现出这种内心的矛盾罢了。

别小看这些简单而看似微不足道的场景,但其实透露出很重要的信息。梦中的女孩最后以行动或言语拒绝朋友了吗?还是忍不住听了呢?

假如我们在处理的是一个女孩的情感创伤,她要离开这个男子才会有更好生活的话,这点微妙的分别,就是治疗方向的云泥之别。假如是前者,女孩拒绝了朋友,即是说她的力量已开始能够抵御这段"烂桃花"了,她的成长和将来都是正面的;若是后者,女孩还是听了对方说前男友的事,就代表女孩心中仍被这个男子吸引着,未能完全放下,那么就要多下些功夫,去帮助她内心力量不足的部分了。

## 没有你的梦也是你的梦

我曾经做过一个梦,梦见一只蜻蜓在水边的草丛中飞,它的一生就是这样,飞上飞下,没什么特别。

九 | 梦的表达方式

这个梦中并没有我,然而我却能清晰感受到蜻蜓的状态与感觉。

那一段日子,我忙碌到连睡觉的时间也严重不足,这个梦仿佛在弥补着我内心对简单、自在生活的渴望。

因此这个梦中虽然没有我,但也是我。而我,就是那一只蜻蜓。

很多朋友都以为没有自己的梦,是不是代表在梦见别人呢?在我自身的经验中,没有一个梦是和做梦者无关的。即使那个梦是大梦,但做梦者既然能梦见,那必定与其身处的国家或民族有一定的关系。只要多探索,多解梦,多回顾梦,其实要掌握并不难呢。

## 影射

影射,就是看似在说其他的东西,但说的其实是你,香港人的口语"单单打打"就是这意思。我记得某次和一位朋友吃饭,他一边谈笑风生,一边诉苦说曾经约一位朋友喝咖啡，结果那位朋友迟到很久，浪费了他的时间、不尊重别人云云。而那场饭局中，恰好有另一位朋友（不是他说的那位）也迟到很久，大家虽然没有明言，但都心里有数他其实在"指桑骂槐"。

梦境其实也偶然会出现类似的寓意。例如某人在梦中看见别人在骂人，说那人自私自利，总是不为别人着想。但其实解梦后，往往发现梦中"被骂者"的特质，其实自己身上也有。

## 梦没有废话

梦，是潜意识的产物。就像电影的画面之中，每一件小物件都经过精心挑选才放进去，同样地，梦境之中出现的东西，背后或多或少都有其含义。

例如梦中的一幕是一个玻璃碗，有一边破了，里面的饭漏出来，然而拿着它的人像毫不在意，仍然拿着碗吃饭。这只碗的形状、颜色、花纹，做梦者都没

九 | 梦的表达方式

有印象,唯独记得那个缺口和正在漏出来的饭。而那拿着饭碗的手来自一个男人,戴着一只很老旧的手表。

梦若想告诉你某些东西,那样东西通常会形象清晰;而梦若觉得某些东西不重要,那就连印象都没有。正如我们拿着碗,很少会忘记碗的颜色与花纹,但梦却常常出现类似的状况,例如只知道是个酒店职员,但说不出他的衣服颜色和设计;例如只看见某人在买彩票,但不记得彩票站是怎样的,只记得买彩票的窗口站了一个穿着红衣的男人。

这些特殊的记忆,对做梦者来说往往是比较突出与鲜明的。然而有些同学会每一样小物件都去分析和解读,我个人不太建议大家逐样物件去问,正如艺术作品,它的存在是整体的一部分,或信息的一部分,若硬生生拆开来解读,便往往失真。要如何拿捏,经验、直觉、知识、觉察力,缺一不可。而且有时,用人脑根本解读不了呢。

## 线索

梦中出现的人、事、物,很多时候我们一开始会觉得一头雾水,但联想过后,便恍然大悟。例如某男子梦见自己在喷粉红色的酒精搓手液,觉得:"啊,原来双手互相触碰的感觉是这样的,颇舒服啊。"细问下去,他表示自己从没用过粉红色的酒精搓手液,但记得公司某女同事桌上总是放着一瓶,但粉红色的是那瓶子,而不是搓手液。这男子其实对这女同事有好感,这女同事也是单身,他偶尔闪过一两个念头:不知和她在一起会怎样。结果解完这个梦后,他发觉自己越来越注意这女同事,后来真的喜欢上她,遂展开追求。

梦最可爱的地方,是在他还未觉察到自己爱上这女同事之前,他的梦便已经先知道了。

另外,梦中出现奇怪的人物,也是一些颇有用的线索。我在写这本书期间,因为工作忙碌及整体氛围低落,总是拖延着不想写稿,有时打开计算机,脑袋

## 九 | 梦的表达方式

一片空白。某天晚上我梦见自己在替郭富城工作,他不断在骂人:"做啦!做咗先啦!(做了才说!)"他很愤怒,觉得全部员工都没有生产力,其实先做了便行,有什么问题,做了发现才说。我醒来时真的有种被狠狠地骂了一顿的感觉(因为我也是其中一名员工),心想怎么会是郭富城呢?

后想想,郭富城最厉害的是跳舞,而跳舞是要花很多努力和时间的,当中半点也懈怠不得,除了天赋,也要努力,他自己就是那种"努力地先做了才说"的人,也不会拖延。我自由工作已久,其实有时拖延或怠惰也不会被人骂,但对自己的作品要求却又高,我心里的潜意识便化成郭富城来把我骂醒,就算没灵感又如何?就算很累又如何?就算没心情又如何?通通都不是借口,什么都别说,"做了才说!"

而解通了这个梦后,我便真的每天都写一点,每天都写一点,终于把书写完了!真的感谢潜意识化身成郭富城来把我"骂醒"了呢!哈哈!

# 名字、人物、数字、时间

梦中的名字、人物、数字和时间,和我们清醒时呈现的意义有时并不一样。

## 名字和人物

可能由于梦是以象征为主,但我们生活中又难免有语言,当梦境要用语言表达一个人的时候,便很容易会用错了字。我记得做过一个梦,梦中有个灵体进入了我的身体,她的名字叫"Bunny",是一个西方人,红头发,梳了两条大辫子,样子非常熟悉,但又肯定不是我认识的人。我醒来后,苦苦思索却仍想不起那女孩是谁。由于我比较明白梦中的名字常会出现"音似,但写法不同"的状况,Bunny令我第一个联想到的,就是我自己的Annie。然后,我忽然隐约记起,好像某部卡通片曾经有过一个红发双辫女孩,名字也是叫安妮?上网搜索,果然有一部影片,也有动画及小说，叫 *Anne of Green Gables*，而香港的译名就是《红发安妮》。

即是说，梦中那个所谓的"灵体"，其实就是我自己。

## 数字和时间

数字的规律也和名字相似，例如一年会说成一日，而门牌、时钟等，有时所代表的也可能是不同的东西。我有一位来访者，梦中的时钟特别清晰，她表示，很清楚地记得是下午一点，她重复说了很多次。这个梦中包含了恐惧、疾病和母亲，而这女子当年的年纪，恰恰在一年后，就会和她母亲当年患病过世时同龄。因此这个梦中所示的"一点"，其实代表了一年。

金钱也一样，一万会说成一元，五百万会说成五百元等，屡见不鲜。

梦见名字、数字、人物、时间，都可能与现实生活不一样，就像有时人喝醉了，脑部也会出现类似的错误，但还是有迹可循的。

## 用空间代表关系

我发觉梦境中的距离,尤其是人与人之间的距离,有着颇深远的含义。例如之前说过女孩赶到地铁车站见已过世的父亲,但父亲却在对面的月台。真实生活中女孩和父亲的关系也不算很亲密,而且分隔异地,就如被月台分隔两边一样。

空间的场景力量很大,尤其是当出现与自己有亲密关系的人物时,就是一个很好的参考指标。例如有个学生梦见和弟弟去郊游,遇上雪崩一起逃难,回到母亲的家时,母亲却不在家。这呈现出她和弟弟的关系较亲,而母亲总是想避开她。

## 梦是文盲?

梦中有时会呈现文字,但往往非常简单,通常是单句、词语甚或是单字。除了人与人之间的对话,用

九 | 梦的表达方式

文字来表达信息的情况比较少见,一旦出现,这些只字片语,往往包含了极重要的信息。

然而,有些时候我们在梦中仿佛知道那文字有某些意味,但醒来再看,却像是一堆乱码。我便曾经在梦中看见过一句"分开记得近体素线的重辨",这段文字看似牛头不对马嘴,但我当时在梦中却仿佛明白到些什么。

## 梦中的颜色

梦中不同的颜色有时会代表不同的心情或人、事、物。有个女子曾说梦见心脏的位置被人植入了一条用深啡色棉线包着的电线,有人可操控某个仪器,令那条电线产生大量的电流,随时可致命。女子觉得莫名其妙,我问她:"深啡色会令你想起什么呢?"她呆了一呆,叹了口气说:"我之前有个男朋友,他用的穿的东西,都是深啡色的。"

这个男子曾经因为劈腿而令女子心伤,她以为自己早已放下了,但梦境却通过"一条深啡色的棉线,里面包着电线"来表示,他对她的心仍有"致命的危险"。

## 黑白梦

大部分人做的梦都是彩色的,但也有人从来没做过彩色的梦,而只有黑白梦。这种人一般来说比较理性,想象力也不算很丰富。

# 十

## 清明梦

当你发觉原来置身于一场梦中,你会因为所经历的苦难而感到欣喜,还是因体验到的喜乐而感到惋惜?是感慨南柯一梦,醒来终归一场空?还是感觉喜还是喜,痛也还是痛?

人生,其实就是一场梦,一场清明梦。

## 什么是清明梦？

清明梦（lucid dream），又被称为清醒梦，心理学家斯蒂芬·拉伯格将它定义为"知道自己在做梦时的梦"，即是说，人在做梦的时候是清醒的。但实际上很多时候我们做梦时并不完全清醒，却知道自己在做梦。

"清明梦"一词在1913年由荷兰精神科医生弗雷德里克提出，在做梦的时候，做梦者拥有清醒时的思考力和记忆力，有些人甚至能够操控梦境情节，但大部分的人只停留在"知道自己在做梦"的层面。而很多时候，他们在梦中忽然觉察到自己原来在做梦，然后便醒来了。

《清醒做梦指南》[1]一书表示："通常的情况下，清醒

---

1 〔美〕狄伦·图契洛（Dylan Tuccillo）、贾瑞·塞佐（Jared Zeizel）、汤玛斯·佩索（Thomas Peisel）：《清醒做梦指南 全面启动你的梦境之旅》，MaoPoPo译，台北：大块文化出版社，2014年。

梦状态的引发,都是因为某种不连贯性,某样忽然让做梦者停下动作并质问自己所处的现实状态的东西。"

书中还提及,做清明梦是一种每个人与生俱来的能力,大部分人一生中至少做过一次清明梦。而通过训练,在梦中保持清醒的能力及程度均可被强化。

## 微明状态

清醒梦和不清醒的梦有何分别?

在清明梦的众多研究者之中,我特别喜欢《清醒做梦指南》的几位作者:汤玛斯·佩索、贾瑞·塞佐及狄伦·图契洛,他们系统、简洁且有趣地讲述了清明梦的相关知识。书中提到的"微明状态",是从清醒转换到睡眠之间,那如处于日出或日落时的模糊地带,也是心理学上的"意识转换状态"(altered state of consciousness)。而在这个阶段中,脑波频率会有明显的分别,人也会由以意识为主导,切换到以潜意识为

## 十 | 清明梦

主导的状态。因此,在做梦或催眠状态中,也是以潜意识为主导,然而也同样保持了一定程度的意识。

书中写道:"此时,我们日常心智的逻辑、分析功能暂时中断,微明状态允许影像和创意连接自由流窜,直觉式的印象也会浮上表面。"

罗伯特·摩斯称为"解答状态",因为无数科学上的重大发现和突破,都产生于这意识与潜意识的交汇处。

当我们睡着时做梦,梦的场景和情节是自然而生的,而我们所经历的也仿佛是被动的。但在做清明梦时,我们有时会多了一种自主性,可以影响自己的行动甚至梦境的结果。有些人会借此来帮助自己疗愈、改命、自我成长。因为即使是催眠状态下的"微明状态",其潜意识主导的分量,也极少会比真正的梦境为重。也因此,若能在梦境之中做出一些改变,那就是深层潜意识的改变。

这种改变的力量,只要运用得恰当,据我所知没有任何疗法可以与之相比。

## 梦中梦

在之前的章节中曾谈过梦中梦。其实梦中梦可说是清明梦与非清明梦的混合体,故此在这里略作说明。

很多人做的梦中梦,第一个场景都是不知自己在做梦,然后可能因为突然觉得自己其实在做梦而"醒来",又或"醒来"后发觉自己刚才在做梦。但无论怎样,所谓的"醒来",原来仍然身在梦中。

因此,梦中梦可以算是清明梦,但又不完全是一个清明梦,而且要操控梦中梦难度也是很高的,因为人几乎无法知道自己身在梦中梦之中,并且暂时也没有人能成功让自己进入梦中梦之中。

## 操控清明梦

当我日渐接触的梦境越多,对梦境更理解后,开始明白到古人的智慧,同时亦对现代不明就里便去学

十 | 清明梦

习操控梦境的朋友担心。

如前面所言,梦境来自潜意识,当梦境的情节改变,潜意识亦会出现改变。假如人是一部计算机,潜意识便是原始编码。当编码改变了,无论是windows、IOS系统还是当中使用的应用软件,都会出现变化,严重的更会无法使用。然而,由于变化来自潜意识,当事人是极难觉察的。

也许我是一个较小心的人,对潜意识变化的感觉也相对敏锐,再加上心理学及催眠治疗的训练,让我会更小心去洞察改梦的变化。在第十章,我们会谈到梦与心理治疗。正如所有工具,水能载舟,亦能覆舟,人最可怕的灾难并不是冲动鲁莽,而是无知。

## 发现自己在做梦

在电影《盗梦空间》中,柯布总是带着一个陀螺,那就是判断自己身在梦中还是现实的重要信物,由于梦境和现实世界对感官来说都很真实，所以需要一样东西来辅助。当身在梦中的时候，陀螺转动就不会停下来；但在现实世界则不会只转不停。除此以外，使用一些只有你自己才知道的工具或图腾，也会有帮助。例如在梦中使用计时器，往往看第一眼和第二眼的时间会出现不合理的分别。

## 自我暗示

这其实是善用了自我催眠的手法，让潜意识接收到信息而自动产生反应，方法既简单又实用，而且效率高，极力推荐！躺在床上（个人建议平躺），放松全身，调整呼吸，逐渐放松及缓慢下来。让脑袋保持清空的状态，带着期待、轻松地重复想着"今晚我会做清明梦"或"今晚我做梦时会知道自己在做梦"。

重复数十次，真心相信及期待，一般朋友可能几天就会做到清明梦，最重要的是别太紧张，让自己带着一种完全接纳新事物的好奇心情去尝试便可。

十 | 清明梦

## 日常生活中不时问自己：我现在是在梦中吗？

这是用觉察力的训练来强化对做梦的敏锐度，当我们时时问自己是否身在梦中时，就会去在意那些不合乎常理的事情，又或会拿出自己专属的图腾来验证。

## 觉察奇怪的人、事、物

梦由于是潜意识的产物，在梦境的世界中，要发现不合常理或奇怪的东西实在太容易了。例如，见到刘德华在一个很普通的商场卖音响，那就是一件很奇怪的事，假如这时问自己一句："咦？难道我是在做梦吗？"那么可能有很奇妙的发现呢。日常生活中也可多做自我暗示，例如："当我发现不合逻辑的事，便知道自己在做梦。"梦中不合逻辑的事实在太多了，像是明明在爬山，但场景一转，又在吃饭；或者看见人的脸上多了一对角和尾巴等，都可以很快觉察到自己正在梦中。

## 不要过度控制梦

我遇见有些学生,一般是对梦和潜意识关系的知识较薄弱的年轻人,沉迷于操控梦境。这是非常危险的,因为梦是潜意识的出口及表达,我发现尤其是较难进入催眠状态的人,会比较多梦。就仿佛潜意识必须找一个出口或通道,去表达它想表达的东西。而当梦完全被操控,潜意识便失去了这个重要的通道。压抑的情绪很有可能变成身体或心理疾病,梦境若无法执行其最原始的使命,日子一久,人可能也会遭受强烈的反噬。庆幸的是,潜意识并不是我们想控制便能控制得了的,很多时候,你即使再渴望控制梦境,梦境也会不受控。

# 十一

## 孵梦

> 迷惘的时候,我们总往外求,但愿生命给我们指点迷津。但其实,力量一直都在你心中,当我们往内求,才能驱散云雾,看见无垠的天空。

## 孵梦的原因：让梦境助你解难

我遇见不少朋友在生命中遇到困难或挑战，总是花许多金钱、时间去求神问卜，然而问了一个又一个，却依旧不知道怎样做才是对的，有时反而越问心越乱。

认识了潜意识后，我已不再迷信，反而更专注于往内心寻找答案。

因为所有答案，都在我们之内，世上没有一部超级计算机，比你自己的潜意识更了解你的过去、现在、未来。

而要与潜意识沟通，除了催眠，还有做梦。孵梦，就是一个和自己内心对话及交流的方法。

## 真正的难题

"魔镜、魔镜，世界上谁最美丽？"

"水晶球啊,水晶球,告诉我他爱不爱我?"

"我今天该穿黄色还是绿色的衣服,他会喜欢我多一点儿呢?"

有很多朋友,把催眠、孵梦当作像是占卜一样,问些对人生及自我成长没什么养分的问题,简单来说,就是无聊的问题。我可以很真诚地说,这些问题,催眠也好,梦境也好,潜意识都不怎么回应的。潜意识像个智者,除非你真诚面对问题,否则你不会得到想要的答案。

原因很简单,当一个人只是将重点放在私欲之上,又或想用梦境去得到一些没有意义的东西或感情时,潜意识便会引领你回到该注意的问题上。而且很多时候,人们会将焦点放在只想得到某些东西上,其实可能是由于过去的创伤或人生中某些缺失、痛苦所造成。因此,潜意识的提示信息,往往不是如何得到你想要的东西,而是如何由根源入手去改善自己,当然,有时也会出现一些提示,警告你之后可能会出现的状况。

十一 | 孵梦

当我们真诚地面对问题,便往往不用往外寻求什么迷信、占卜或其他旁门左道,一切由心而生,归根究底还是我们自己的问题。若真诚面对问题、面对自己的心态,愿意用心处理,潜意识就会给予你真正的答案。

而这正是很多人孵梦无果的原因。正所谓心诚则灵,"心诚"二字,也是需要点自省和智慧的。

## 心理难题

梦境对应潜意识,而潜意识的表达中,感觉、情绪占极重要的一环。一个场景或意象,例如在无垠的天空中飞翔时,是恐惧、是焦虑还是自由自在,解读出来的意义却有云泥之别。

亦因此,情感、感觉是能触发梦境的重要元素。假如你的心里有些情绪上的困惑,例如常感抑郁或闷闷不乐,其实也可以用孵梦的方法,问问梦境原因为何，或者如何解决。

我有一个学生，她平时温婉乖巧，但周身却总是散发着一种郁苦的气氛。她曾说自己做过一个简单的梦，她要去某个地方，快迟到了，她哥哥放下手边的事情载她去。我问她，假如你是梦中的哥哥，你为何要这样做呢？她表示，哥哥很疼爱她，想帮她。我问她："那你觉得这个梦想告诉你什么呢？"她的眼眶瞬间转红："我不是一个人。"

这个学生表示她总是觉得很孤单寂寞，身边没有人能明白自己。而这个梦，正告诉她，她有一个很疼爱她的哥哥。而当她发现这点时，心中温暖了许多，随即忍不住哭了出来。而这，也是梦的疗愈作用。

## 神奇的答案

梦境解难最神奇的地方，是有些人曾试过透过梦境，得到一些超乎想象的答案。

## 十一 | 孵梦

比较出名的例子有：

- 19世纪的德国化学家凯库勒，梦见一条首尾相衔的蛇，因此想出了苯环的正确结构。
- 19世纪美国著名缝纫机发明家赫威，在梦中看见一根长矛向自己刺来，而那矛的根部，竟有一个怪异的孔，于是便发明了针眼的正确位置。
- 熟悉量子物理学的朋友，相信都听过物理学家波尔。波尔曾做过一个梦，他站在酷热的太阳上，行星在太阳旁擦过，却仿佛有根细丝系在它们之间，让行星围绕着太阳旋转。这梦启发他发现原子的内部结构：原子核就像梦中的太阳，在中心位置，而四周的电子就像行星般围着原子核旋转。

## 神来之笔

除了艰涩的物理现象，梦对于创作者来说，也可谓是"神来之笔"。

在梦中听见从未听过的音乐的人确实不少,如凑巧又是音乐人的话,我们才有幸能听到"梦中的乐曲",最著名的例如披头四(即甲壳虫乐队,The Beatles)的《昨日》(*Yesterday*)、威尼斯小提琴家塔蒂尼的《魔鬼的颤音》(*The Devil's Trill*)都是从梦中得到的灵感,成为传世的杰作。

而我个人最为喜欢的一首作品,则是西蒙与加芬克尔的《寂默的声音》(*Sound of Silence*),无论是意境、用词还是氛围的渲染,都使人恍如置身于深层潜意识之中的感觉。当你沉浸其中,方能更深地明了歌中的意味。

歌曲描述了一幅梦境中的画面,而这画面,在创作者的脑海中挥之不去。梦中他在暗黑之中,走在又湿又冷的鹅卵石街道上,一个人,瑟缩着身躯,忽地霓虹灯闪亮,刺痛了双眼,而就在这一刻,黑夜一分为二,触动了寂静之中一种寂然而蠢动的声音。

那些人,说话的不是在说话,听着的不是在聆听，只拜着自己制造出来的神佛（仿佛没有灵魂，没有心）。在这些寂静之中，却有一些歌曲，人们不敢分享，仿佛只敢放在内心，不敢说也不敢唱。

沉默像癌细胞一样在蔓延（仿佛因为人们逐渐失去了自己和灵魂），而真理之言，早刻在地铁站的墙上、廉价公寓的长廊中（留意这些地方：在20世纪60年代的美国，地铁是流浪汉的栖息地，廉价公寓则是贫民聚居处，这些地方的墙上通常都写满人们不满现实的说话）。

歌中silence这个词，多翻译为"沉默""寂静"，但我感觉都不够精准，它的感觉未到死寂，却超乎沉默，并不宁静，内心有一大堆的喧闹被狠狠压抑着。因此，我用"寂默"来形容这种感觉。

## 梦中的歌曲

记得在小学六年级那一年，大约是十一岁的时候，某天晚上我梦见歌手许冠杰唱了一首非常动听但我从没听过的歌。第二天我在便利店买东西时，脑中、心中还不停地播放着这歌，当时我很想把它写下来，但第一我不懂如何记谱，第二我当时很疑惑，会不会被人嘲笑呢？我很清楚记得这一幕，因为做梦的第二天学校去旅行，在便利店我手中还拿着姐姐借给我的一部新出的、白色的、非常漂亮的磁带随身听，而结果那天我却在换电芯时，把那部随身听弄坏了，姐姐因此而很伤心。而这首歌，在我脑海已然消逝，但我却清楚那不是我第一次听见梦中的歌，也不是最后一次。

## 孵梦的方法

如何"孵梦"（Dream Incubation）？美国梦学研究心理学家盖儿·戴兰妮经过多年临床研究，提出"孵梦八步曲"，我将其结合实战经验调整如下：

## 十一 | 孵 梦

**事前准备**

1. 选择合适的夜晚（不能太累、太乱、情绪波动，最好是舒适且心情较平静）。

2. 拟订问题（简单、直接、浅白）。

3. 放好纸笔或录音机。

**睡前孵梦**

4. 整理好舒适的睡床。

5. 拿出已拟订好的问题。

6. 用真诚的心向潜意识提出请求。

7. 重复默念句子（例如：我请求潜意识，今晚透过梦境告诉我×××，当我醒来时，会清晰记得梦境内容）。

8. 好好睡觉，做梦去。

9. 醒来立即记下梦境。

**提问技巧**

初学者一开始时切忌提出复杂的问题，因为，首先，梦未必会回应，就算真的梦到了，你也未必能解得通。我通常建议刚接触孵梦的朋友，一开始只问些最简单的问题，例如是或否、好或不好、做或不做等，让梦能够直截了当地回应，而解梦的乐趣也会大大提高。

有个学生问梦应该买A乐器还是B乐器，她的梦很可爱，回应的是："你家中没有位置摆放。"的确，学生家中摆放乐器的空间其实早已满了，但她还是想再买，而其中一款尺寸还不小。梦一语中的地点出要害，大家听见时也觉得实在太过瘾了！

当对解梦及梦的表达形式有一定的经验及掌握后，可以尝试问一些较深的问题："我最近总是无缘无故落泪，究竟是为什么呢？""我和男友的关系很好，但我对将来总是感到害怕和不安，为什么呢？"梦境可能会告诉你一些意想不到的答案呢。

**注意事项**

每晚只能问一个问题。

## 十一 | 孵 梦

"我应该换工作吗?要如何应付这个难对付的老板?该多找些兴趣,骑牛找马,还是索性辞工呢?"

你也许内心有很多的疑问,然而这种混乱的提问方式,潜意识几乎是不会回应的。即使回答了,也会比较难以解读。因此,问问题时切忌贪心,每次问一个就好,清清楚楚,明明白白,也别问些模棱两可的问题,例如:"我会不会飞黄腾达?"因为就算梦见飞黄腾达的画面,你以为是预知梦,但其实可能不过是个补偿梦。补偿梦顾名思义就是具补偿作用的梦,例如一个自卑又渴望谈恋爱的男子,梦中获得心中女神的垂青而堕入爱河;又或一直郁郁不得志的打工仔在梦中成为成功人士等。这和弗洛伊德的"心愿之达成"的作用虽很相似,但其实重点不同,因为补偿梦的出现是来自"心理的平衡"。想达成心愿未必是因为生命中有东西失衡了,例如想有一所房子,不代表现实生活中没有安定的居所;而"补偿"乃因一方失衡了,而在梦中得到平衡,例如居住的地方总是不停搬迁,而在梦中得到一所房子,有种安定的感觉。

在我的经验中,人的生命会随着成长而有所改变,假若该付的努力没有付出、该学习的课题没有学好,本来你能够得到的,也会因此而得不到。即使得到了,但随之而来的,可能是灾难。正所谓好的不一定是好,差的不一定是差,因为将来之后,还有更多的将来。唯有认真修心、学习,将来才真正有把握。

因此,问的问题要有清晰的脉络,而且是生活、生命中急切需要解决的问题,孵梦才会显得有效。

## 只能问和自己有关的问题

有很多人会试图问梦境一些如何改变别人的问题,例如如何让某某离开这家公司?如何让那人得到教训?如何让家人不再骂自己?这些问题并不是当事人能够自己操控的,因此潜意识多数不会回应。我有个学生在孵梦时就问了一个问题:如何让某某离开这个职位?结果她梦见自己在填一些资料,摸不着头脑。

十一 | 孵 梦

原来由于那个某某确实影响到了其他人,因此上司早安排了,而其中一件事,就是要请该同学填一些资料。因此梦很奇妙地告诉当事人,她会填一些资料,而这行动是与那同事离职有关的。

## 如何孵出一个解得通的好梦

正所谓能捉老鼠的猫才是好猫,能明白和解得通的梦,才是好梦,不然"得梦无所用"。我将孵梦分成几个不同的级别,好让不同程度的朋友或同学能够按自己的进度成长,孵出一个个有用的好梦。

(1)初级孵梦

- 简单、直接。
- 用浅白的字眼。
- 只问二选一的问题,如:好/不好、应该/不应该、做/不做。

初级孵梦适合从来没有孵梦或未学过解梦的朋友,因为即使孵出了其他的梦,做梦者也未必能明白梦中的深意。而简单问二选一的问题，潜意识会比较容易给予回应，做梦者也较易理解。

（2）中级孵梦

·简单、直接。

·用浅白的字眼。

·问真正的难题及解决方法，例如：我如何做，才能够加涨工资？

中级孵梦适合对解梦已有一定认识和掌握的朋友，然而问题还是应该直接、简单，例如上述例子中同学便做了一个梦，梦境提示他写电邮给老板，结果他按梦境所示进行，真的成功争取加涨了工资。

（3）高级孵梦

·简单、直接、浅白。

·问真正的难题，和情绪有关，例如：为何我会患上抑郁症？

高级孵梦可问更有深度的问题，例如自身情绪波动的原因等。因为情绪背后很可能触及生命的创伤，故不建议解梦新手去做,以免牵动了旧伤疤,自己却无法解决。

有一位女士问梦:"为何我总是拖延着事情?"当事人在半梦半醒中,忽然浮现一个过去的场景:她看着手机的短信,觉得有点无奈,有点失落。放下手机不久,又拿起手机查看。她坐在计算机前,看着眼前赶急的大量工作,脑袋却像死机一样。

三年前,她单恋某位男士,觉得对方好像喜欢她,却又忽冷忽热。她总是在等待对方回复短信,除了等,她却什么都做不了。原来就是这段往事,令她出现了工作上的拖延,她回想拖延症的出现,也就是从那一段日子开始的。

(4)超级孵梦

·问梦任何问题。

·潜意识带领下,在现实生活中找出答案。

·潜意识带领下,在现实生活中改变行为、反应。

·潜意识带领下,在现实生活中找到最好的方法,学懂、领悟,从而改变人生。

·共时性[1]。

超级孵梦,就是向潜意识提出问题后,答案却未必在梦中出现,而是有时候会于现实生活中突然呈现出来。例如我尚未成为心理治疗师之前,曾问潜意识:"究竟我要怎样做,才能成为全世界最优秀的治疗师之一?"从那之后,我生命中总"偶然"出现一些常人未必可触及的信息,令我对潜意识的研究一天比一天深入,来访者的种类、学生的种类也层出不穷。我对于梦的迷恋,也许也因此让我走上了一条和其他治疗师不同的道路。不知道哪天我才能成为世上最优秀的治疗师之一,然而,我知道,只要我相信潜意识的指引,必定能成长得更好。

---

[1] 共时性,简单来说是不可思议的巧合,而这些巧合却对一个人来说有着不寻常的意义。荣格有更深一层的解释:"任何心灵的事物不在于因果的关联,而是意义的关联,因此即使两个偶发的事情,彼此没有因果的关系,却因为同步发生而使人理解到其中的意义。"

# 十二 解梦与心理治疗

> 荣格:"尽你所能去学习象征的使用与表现,等到你分析梦的时候,便将它全部忘掉。"
>
> 当你明白,技术只是技术,理论只是理论,看法不过是看法,方法不过是方法,就像梦一样,拆开来看,拆开来用,就失真了。

## 治疗师的态度

《大梦两千天》的作者安东尼·斯蒂文斯毕业于牛津大学，拥有医学博士学位，也是一位超过二十年经验的资深荣格学派分析师及研究学者，他在书中详述了作为一位心理分析师应有的态度、对待来访者的方式，甚至是诊疗室的布置，我取其精要简述如下：

会面室：是一个"酝酿蜕变的神圣之地（temenos）"，不可亵渎的地方。在这里会面时，态度应"恭谨慎重，不容许干扰打断，不接电话，旁边没有狗、猫、鱼，不许外人任意跑来敲门。这个轻松自在的氛围之中只衬着花、图画、书籍，外界的噪音减至最少。"

会面室的布置：荣格也认为应像回到家的感觉，舒服而令人放松，而不是像间诊所。

心理分析师的态度：不应存有先入为主之见，应细心、专注地聆听，每位来访者都是独特的。荣格曾说：应该当来的人是正常的，以社交方式对待。如对方有精神官能症，乃是额外的收获。

心理分析：是一种辩证的过程，是两个人之间的双向意见交换，双方的参与程度应是一样的。

荣格曾对学生说：把理论都背熟。案主走进会客室之后，就把理论都忘掉。就像《倚天屠龙记》中张三丰教张无忌太极拳的精髓一样，先将招式牢牢记住、练熟，然后再把它们都忘掉。每个人的背景都不一样，每个人的内心世界都是与众不同的。在进行心理治疗或分析的时候，根本不可能将一套东西放在所有人身上，心理治疗师要感知对方的世界，同时要保持清醒和抽离，还要整理出头绪，分析和判断用哪种治疗方法，整个过程没有一套理论和书能够说得明白。因此，荣格说心理治疗只有在实战中才能学习，最重要的是经验的累积。

十二 | 解梦与心理治疗

## 以解梦改善心理的方法

在《梦境完全使用手册》中,作者提到心理学家蒂莫西等治疗专家,已成功地使用清明梦来治疗创伤后应激障碍(Post-Traumatic Stress Disorder,简称PTSD)的患者。清明梦疗法,其实更像是催眠治疗,专业的心理治疗师在安全的环境及情况下,协助来访者将埋藏在心底或潜意识深处的记忆,带到意识层面,并帮助其面对及转化。

很多人都觉得奇怪,过去的事让它们过去就是了,"我已忘记了""我已不再受其影响了""我害怕再去触碰那些过去""我不想提",这些话我们听过许许多多,而这正彰显出当事人的逃避与压抑。真正已经不受过去影响的人,往往是不惧怕去谈及那些回忆的。

由于通过解读梦境,当事人往往会回想起以往的某些创伤回忆,因此解梦对于心理治疗来说,也是将潜意识中压抑或拒绝的部分,带到意识之中。

德国心理学家库恩可曾表示,"真正的治疗方法",在于寻找"在潜意识里吠叫的狗",并加以安抚。这和荣格的名句有异曲同工之妙。荣格也主张,如能将潜意识的东西变成意识,人的命运便能重新改写。当中,尤其是压抑或抗拒的部分,荣格称为"阴影"。而在心理治疗当中,心理分析师应明白人的心结往往是非理性的,以情感或情绪为主导,这些"心结",荣格称为"情结"。而当这些满载情感记忆、无法用理性劝导及解决的情结,能从潜意识中浮上意识层面,并得到转化,也就是心理治疗的成功之时。

至于如何更有效地协助当事人去理解梦境、让潜意识的力量可以发挥得更淋漓尽致,我归纳出以下几种方法:

## 细节的重要性

很多人初学解梦,尚未问明细节,说不了两句,便跳到:"我觉得这个梦是在告诉你……"老实说,这

## 十二 | 解梦与心理治疗

是解梦的大忌。人很喜欢给予意见或答案，更想达到"我说中了你""我知道你是怎样的"或"看！我多厉害"这样的效果。然而在梦境解读来说，真正的解梦者是做梦者，而不是从旁解梦的人。因此，问细节，除了帮助当事人记起梦的内容之外，更让其能够"描述"和"表达"，因为这些化身成某种象征意义的影像，蕴含了当事人丰富的感受及过往，我们没有资格，也不该剥夺他们释放的权利。只要他们能够将这些感受说出口，也就是能够表达或接纳自己拥有某种压抑或不愿承认的情绪、情感，这对疗愈来说是非常重要的。

当然，由于来访者的情结或状况往往未必如常人般，能清醒地自我省视，有时需要治疗师的某些提示或专业分析。但是无论怎样，如荣格所说，梦境分析其实更像是一种交流，而不是权威的一言堂。只是在过程中，为了协助来访者得到启发或感悟，有时需要使用到"权威"的角色，因为有些来访者未必很容易达到领悟或转化，这时给予一些专业意见或分析，对对方来说也会有所帮助。

## 自由联想

自由联想的方法最先由弗洛伊德提出，让来访者躺在躺椅上，自由且漫无边际地说自己的经历、想法，治疗师则是一个细心聆听的角色，尽量少打断来访者的思路，让其将内心想说的东西充分表达出来。无论多么怪诞、无聊，或只是零碎的片段也没有关系，然后由治疗师找出当中的联系，从而发掘来访者潜意识中被压抑的部分或情结。

在荣格与弗洛伊德分道扬镳之后，他有一段时间感到迷失，面对来访者时放下了一切的理论，任由病人述说他们的梦和幻想。荣格表示当时只是问问："你发生过与此有关的事吗？""你为何如此认为？""这种想法是从哪里来的？""你对此有何想法？"让病人在这种自由的回应及联想中诠释梦境。

荣格表示："我避免一切理论，只是帮助病人自发地理解梦的意象。"然而，这时他方明白到，这才是释梦的"正确基础"，因为"这是梦想达到的目的"。

## 十二 | 解梦与心理治疗

### 角色扮演

要从梦中得到比较震撼性的启示,角色扮演可说是一个颇为重要的方法。当我们身在梦中,即使经历着种种奇幻的旅程,又或不明所以的琐事,有时当局者迷的眼光会限制了想象,这时只要跳出框框,便能看到真相。在我的生命中,最震撼的一次角色互换后的领悟,是一个关于喇嘛的梦。我手中拿着一本喇嘛的自传,但书中都是照片,在开始的许多页,都是我的单人照。我与这自传中的喇嘛有过一段情史,然而却无法找到我们二人的合照。在梦中的我没有很大的反应,因为那已经是过去的事。然而醒来后我百思不得其解,究竟这个梦在告诉我什么?某天我找了一个清静的下午,进入梦中,去感受梦中那出版这本自传的喇嘛。写着自传的他,传来罔顾世俗的、强烈的思念。而当我感受到这份强烈的爱时,我内心一片温热,泪如雨下。

也许,这个梦呈现出我自身对于超脱世俗的爱情的追求。作为一个修行者,我常提醒自己"一切如梦幻泡影",然而正如梦中的喇嘛,修行者也是人,无论多么清心寡欲,也不能没有爱。修行没有错,忠于灵性的修行(有点像宗教)也没有错,然而忠于自己的本质,才是最重要的。因此,爱即使在修行者之中,也不是一种必须隐而不宣的事,甚至可以光明正大。因为一个人的成长(例如写得出一本自传,就代表一个伟人的生命故事),其生命中,必有其深爱。承认自己,承认自己所爱,才是真正的修行。

## 延续故事

有没有试过在梦刚醒来时,在半梦半醒之间,你想将刚才的梦延续下去?

有时一个梦并未完结便醒来了,带着悬念,这仿佛是一个未知的将来,又或尚未写完的故事。而你,就是这个故事的创作者。记得有一位女来访者做了一个梦,梦中去到一个很简陋的地方,认识了小店中一

## 十二 | 解梦与心理治疗

个单纯的男生,大家互生情愫,当女子想着要不要和这男生在一起时,便醒来了。她想回到梦中,于是在半梦半醒间,便开始幻想起来。她表示并不知道那是想象还是梦境,她随着梦境的节奏和感觉,和这男生一起去卖场买计算机硬件,吃雪糕,简单而美好。

在我的经验中,这种梦往往是代表了生命的某种选择或态度。女生单身了一段日子,没找到合适的对象。最近有位经济条件优裕的男士追求她,但她心里很犹豫,因为她对这男士没有很大的感觉,对方背景和个性也有点复杂,就算在一起也不过是为了较稳定的物质生活。然而梦却告诉她,她内心渴求的对象,是一种单纯而美好的幸福,男生有自己的兴趣,大家一起吃雪糕,就很满足了。我还记得她在告诉我这个梦时,脸上挂着那种没有杂质的微笑。的确,一个复杂的男人,无论经济条件多么优渥,也真的不适合她。

大约过了一个月后,她就认识了一个单纯的男孩,他的家境并不富裕,看事情的态度却单纯而美好,数月后他们便在一起了。她跟我说，幸好当初没有选择那位条件很好的男士，因为这样，她才能得到一份梦寐以求的、单纯、安心的真爱。

**改造梦境**

梦境之中有时呈现出一些荒谬的行径或处理方法，可能是当事人内心某些不够成熟的地方或缺点所衍生出来的，具有象征意义。当我们详细了解梦的内容后，可以尝试改造。人总是以为自己很清醒，但其实当局者迷，做了糊涂的决定而不自知。我记得有一位来访者做了一个开巴士的梦，在梦中他明明不会驾车，竟然驾着巴士，结果当然十分危险，而且撞伤了人。现实中，他被街坊游说买了一些产品，想做传销赚取些外快，然而他已多年没有工作，精神状态也欠佳，因此根本无法胜任这份工作。

而这个梦在告诉他的是："不会做的事就别做，否则伤人也伤己。"

我请这位男士重新想象，他坐在司机的位置上时，有什么感觉？他表示感到不安，明知自己不会开巴士（连驾驶执照也没有），但又很想试试。我请他看看巴士上的乘客，问他："如果这巴士交给一个不会开车的人去开，这些乘客会怎样呢？"他低头说："很危险。……我自己也可能会受伤。"

我问："那么，你会选择怎么做呢？"他说："我还是做回乘客好了。其实坐巴士也是很开心的。"

不久之后，这男士也再没有去做传销了。

梦境就是这么厉害，而人就是这么迷惑。在逻辑上显而易见的选择，一旦涉及切身的选择，成为生活的某些部分，人就被蒙蔽了。

## 不要盲信解梦的结果

接触到解梦之法后，有的人会沉醉其中，然而有些时候却要特别小心。我经常听见某些人说自己做了什么什么梦，觉得是预言了什么，或告诉他们别人怎样怎样。我最常听见的，是有人梦见了某某，某某在梦中的情绪很急躁或不开心，又或遭遇厄运等等。他们往往把这些梦告诉当事人，还以"好心告诉他，以防万一"的名义说出。但其实，梦境之中的别人可能根本不是梦中呈现的那个人，甚至是做梦者自己的化身，若贸然去告诉某人会遇上厄运，不只对梦不够慎重，对他人不够尊重，更是一种过度自我的表现。

而且梦很多时候还可以有多重的解释，大胆假设，小心求证，才是正确的态度。

## 不要告诉对方

有时候解梦是很矛盾的。在梦境中往往透露出当事人的一些情绪、想法、状况，然而，即使我们知道那可能性，却未必需要告诉对方。甚至为了保护对方，应该选择不告诉他。例如若梦中提到当事人对于亲人离世的情绪或反应，由于我们并不知道那些前尘往事的成因，触及生离死别都是大伤痛。对解梦师来说，可能只是随便两句，然而对于当事人来说，却可能是个不能触碰的伤口。曾有一个学生，连续数月，几乎每晚梦见过世的男友，每当她谈到这些梦境时，我会额外小心，亦由于班上同学众多，故此在人前我也不多问问题。幸好最后她逐渐在解梦过程中将心结打开，放心和同学们分享，我们方知道原来她男友是轻生的。

## 梦和直觉的关系

荣格极重视直觉，解梦时，或者在了解一个来访者时，直觉的反应往往比脑袋的分析更精准。荣格表示："潜意识是以本能的方式提供它的深思熟虑。"当中"本能的方式"既是说象征，也在说直觉。有时直觉得出来的结论，细想过后，发现原来考量到的广度和深度，都比理性分析更全面和体贴。

由于梦是潜意识自发的产物，其所表达出来的含义，是我们用脑袋或意识思考完全无法比拟的。故此，梦中所提示的信息或答案都是很有参考价值的，亦因此，梦有时具有预知的效果。荣格说：因为即使我们的意识尚未明白，潜意识却已经知道了，而且通过梦表达出来。

然而，很多人却把"直觉"和"主观感觉"混淆不清，"差之毫厘，谬之千里"是也。

"直觉"有时像灵光乍现，在一瞬间浮现出一种仿佛和自己无关的判断，而这判断你明明知道不是推论出来的，而且可能表面上看似逻辑不通，却隐隐感到很有可能就是答案。

"主观感觉"则是解梦者自己的投射，一种自以为是的评论，不一定和做梦者有关，更大部分与解梦者自己有关。

而如何去判断是否正确，其实将决定权交回给做梦者便可。荣格说，案主的领悟远比分析者期望在过程中得到的满足感重要得多。

十二 | 解梦与心理治疗

　　我自己如何分辨直觉和主观感觉？很多时候，我都需要用到"心的能量"，而这种心力其实就是一种得到直觉的方法。当我要帮别人解梦时，会有两种直觉：一种是这个梦可解与不可解、一种是这个来访者可接不可接。当我解的梦越来越多，见的来访者越来越多时，往往发现一个人能否通过我这个人而转化，是有迹可寻的。那个人的心有没有打开，那个人是否真心相信，我们之间有没有这份机缘，就是最重要的关键。

　　所谓的直觉，对我来说，并不只是脑中灵光一闪的感觉，更不是一种偶然的现象，而是透过"心力"，让我的潜意识能感觉到对方的潜意识。很难用言语去形容，但这的确是在解梦和做心理治疗时，一种很特别的感觉。然而，这也是一件很耗精力、令人疲累的事。

## 道法自然

　　人的成长需要岁月与历练。我有些来访者对于潜意识有非常浓厚的兴趣，然而生命自有其轨迹，人如何成长、会成长成什么模样，其实都随着生命中遇上的挑战而发生变化。香港人习惯了快和急，总是想一步登天，想看一次心理治疗师便解决生命中所有难题。老实说，有这类要求的人，其生命中出现的困境，也往往与其急躁的个性有关。

解梦也好，成长也好，转化也好，都是急不来的。我通过自身的经历，发现有些梦，你当时无法解得通，但过了一段时日，甚至十年八载，再拿出梦境日志来看时，就忽地明了了。

道法自然，顺势而行，不必强求，当来的自会来，应该知道的，到时总会知道。

荣格表示，处理表面的事象时，模式化的回应或许比较实际、有用，但我们一旦深入碰触到活生生的问题时，生命本身就会接管一切，即使是最震慑人的理论前提，至此都化成废话一堆。

每个人都有其自身的命运，以及其命运运行的轨迹。欲速则不达，慢慢来，比较快。

只有真正深入过潜意识，触碰过生命的本质的人，才会明白这个道理。治疗进入到某些位置，治疗师便该放手，因为无论你愿不愿意，你也必须承认应该到此为止。海灵格也曾说过："我继续站在前面，但没有任何行动，然后状况就被提升到一个更加伟大的联结……对很多案主来说，如果我们不去介入他们特别的命运，他们就会得到很大的释放。"这和荣格"生命本身就会接管一切"的说法异曲同工，无论你是谁，都无法抵抗与扭转这部分。而唯有放手，才是对生命的尊重。

我们只去处理生命容许我们所处理的，既不自卑，却仍谦卑。这就是作为一个心理治疗师的治疗之"道"。

# 参考资料

## 一、中文参考资料

柴文举、蔡滨新《中医释梦》，台北：文光图书有限公司，2008年。

巢元方《诸病源候论》，山西：山西科学技术出版社，2015年。

丹津·旺贾仁波切《西藏的睡梦瑜伽》，林如茵译，台北：橡实文化出版社，2012年。

黄士钧（哈克）《你的梦，你的力量：潜意识工作者哈克的解梦书》，台北：方智出版社，2015年。

柯永河《梦之心理学》，台北：心灵工坊文化事业有限公司，2019年。

刘波《国学经典大字注音全本. 第3辑：周礼》，南京：南京大学出版社，2014年。

武志红《梦知道答案》，台北：宝瓶文化事业有限公司，2019年。

徐文兵《梦与健康》，广州：广东科技出版社，2020年。

徐文兵《字里藏医》，新北：野人文化股份有限公司，2017年。

王凤香《好梦对策：不可忽略的健康解密》，台北：有鹿文化事业有限公司，2013年。

张永明《梦病：身体哪里出状况，梦会告诉你——张永明医师为您释梦谈病》，台北：究竟出版社，2012年。

〔德〕弗洛伊德（Freud, S.）《梦的解析》，孙名之译，新北：左岸文化事业有限公司，2013年。

〔法〕安东尼·圣修伯里《小王子》，尹建莉译，新北：人类智库数位科技出版社，2015年。

〔美〕埃里希·弗洛姆《被遗忘的语言》，郭乙瑶、宋晓萍译，北京：国际文化出版公司，2007年。

〔美〕安东尼·史蒂文斯（Anthony Stevens）《大梦两千天：一个人一辈子能做多少梦》，薛绚译，新北：立绪文化事业有限公司，2019年。

〔美〕狄伦·图契洛（Dylan Tuccillo）、贾瑞·塞佐（Jared Zeizel）、汤玛斯·佩索（Thomas Peisel）《清醒做梦指南：全面启动你的梦境之旅》，MaoPoPo译，台北：大块文化出版社，2014年。

〔美〕劳瑞·杜西（Larry Dossey）《超越身体的疗愈》，吴佳绮译，台北：心灵工坊文化事业有限公司，2008年。

〔美〕史蒂芬·赖博格（Stephen LaBerge）、霍华德·瑞格德（Ph.D. Howard Rheingold，《梦境完全使用手册》，蔡永琪译，台北：橡实文化出版社，2012年。

〔美〕詹姆斯·霍尔（James A. Hall, M.D.）《荣格解梦书：梦的理论与解析》，廖婉如译，台北：心灵工坊文化事业有限公司，2006年。

〔日〕河合隼雄《神话心理学：来自众神的处方笺》，林咏纯译，台北：心灵工坊文化事业有限公司，2018年。

〔瑞士〕卡尔·荣格（C. G. Jung）《荣格自传：回忆、梦、省思》，刘国彬、杨德友译，台北：张老师文化，2014年。

〔瑞士〕卡尔·荣格（C. G. Jung）《人及其象征：荣格思想精华》，龚卓军译，新北：立绪文化事业有限公司，2013年。

## 二、英文参考资料

Aristotle, A. (2001). *On Sleep and Sleeplessness.* Virginia Tech.

Barker, J. C. (1967). *Premonitions of the Aberfan disaster.* Journal of the Society for Psychical Research, 44(734), 169-181.

Endo T, Roth C, Landolt HP, Werth E, Aeschbach D, Achermann P, Borbély AA. *Selective REM sleep deprivation in humans: Effects on sleep and sleep EEG.* The American journal of physiology. 1998, 274 (4 Pt 2): R1186–R1194. PMID 9575987.

John Hopkins Medicine. *The Science of Sleep: Understanding What Happens When You Sleep.*

Jouvet, M. (2000). *The paradox of sleep: The story of dreaming.* MIT press.

Liu, Y., Wheaton, A. G., Chapman, D. P., Cunningham, T. J., Lu, H., & Croft, J. B. (2016). *Prevalence of healthy sleep duration among adults—United States, 2014.* Morbidity and Mortality Weekly Report, 65(6), 137-141.

Lugaresi, E., Medori, R., Montagna, P., Baruzzi, A., Cortelli, P., Lugaresi, A., ... & Gambetti, P. (1986). *Fatal familial insomnia and dysautonomia with selective degeneration of thalamic nuclei.* New England Journal of Medicine, 315(16),

997-1003.

Moss, R. (2009). *The secret history of dreaming.* New World Library.

National Heart, Lung, and Blood Institute. *Sleep deprivation and deficiency: Why is. sleep important?*.

National Institute of Neurological Disorders and Stroke. *Brain Basics: Understanding Sleep.*

Paul Amirault (2017). *The Man Who Sent the SOS: A Memoir of Reincarnation and the Titanic.* Bear Notch Road Press

Rasch, B., & Born, J. (2013). *About sleep's role in memory.* Physiological reviews.

Rechtschaffen, A., Bergmann, B. M., Everson, C. A., Kushida, C. A., & Gilliland, M. A. (1989). *Sleep deprivation in the rat: X. Integration and discussion of the findings.* Sleep, 12(1), 68-87.

Sleep Education. *Sleep and Caffeine.*

Spiegel, K., Leproult, R., & Van Cauter, E. (1999). *Impact of sleep debt on metabolic and endocrine function.* The lancet, 354(9188), 1435-1439.

Steven J. Ellman, Arthur J. Spielman, Dana Luck, Solomon S. Steiner, & Ronnie. Halperin (1991), "REM Deprivation: A Review", in *The Mind in Sleep,* ed. Ellman & Antrobus.

Walker, M. P., & Stickgold, R. (2006). *Sleep, memory, and plasticity.* Annu. Rev. Psychol., 57, 139-166.

Weed, S. C., & Hallam, F. M. (1896). *A study of the dream-consciousness.* The American Journal of Psychology, 7(3), 405-411.

**图书在版编目（CIP）数据**

你的隐秘，梦知道：治疗师带你潜入一梦一世界 / 安静著. — 北京：商务印书馆, 2025. — ISBN 978 - 7 - 100 - 24215 - 8

Ⅰ. B845.1-49

中国国家版本馆CIP数据核字第2024Q3L980号

**权利保留，侵权必究。**

你 的 隐 秘，梦 知 道
治疗师带你潜入一梦一世界

安 静 著

商 务 印 书 馆 出 版
（北京王府井大街36号 邮政编码 100710）
商 务 印 书 馆 发 行
山西人民印刷有限责任公司印刷
ISBN 978 - 7 - 100 - 24215 - 8

2025年3月第1版　　　　　开本 889×1194　1/32
2025年3月第1次印刷　　　印张 7⅝
定价：65.00元